Marco Tedesco

DER SCHMELZENDE KONTINENT

Marco Tedesco
mit Alberto Flores d'Arcais

DER SCHMELZENDE KONTINENT

Eine Reise durch die Arktis
und ihre bedrohten Lebensräume

*Aus dem Italienischen
von Enrico Heinemann*

C.H.BECK

Titel der italienischen Originalausgabe:
Ghiaccio. Viaggio nel continente che scompare
© 2019 Il Saggiatore, Milano
Zuerst erschienen 2019 bei Il Saggiatore, Mailand

Dieses Werk wurde vermittelt durch die literarische Agentur
Michael Gaeb.

Mit 12 Farbabbildungen
© Marco Tedesco

Für die deutsche Ausgabe:
© Verlag C.H.Beck oHG, München 2022
www.chbeck.de
Umschlaggestaltung: geviert.com, Christian Otto
Umschlagabbildung: Eisberge bei Ilulissat, Südgrönland,
© Marco Tedesco
Satz: Fotosatz Amann, Memmingen
Druck und Bindung: CPI Ebner & Spiegel, Ulm
Gedruckt auf säurefreiem und alterungsbeständigem Papier
Printed in Germany
ISBN 978 3 406 79187 1

myclimate

klimaneutral produziert
www.chbeck.de/nachhaltig

Für meine Töchter Olivia und Francesca,
Flüsse aus Licht

Für Alice

INHALT

PROLOG

Der Morgen dämmert. Die Sonne geht über der Abtei Montevergine auf, lässt die umliegenden Berge erstrahlen und vertreibt den Nebel im Tal. Die Gemeinde, in der ich aufgewachsen bin, schlummert wie in einer Wiege. Meine Heimatregion in der Irpinia erstreckt sich reglos und unveränderlich zwischen dem Partenio und dem Terminio, die wie Kolosse von Rhodos über ihr aufragen – wie Hüter einer Kultur und eines Ortes außerhalb der Zeit. Es sind nicht die gewaltigen amerikanischen Berge, die man auch mit dem Blick nur schwer ermessen kann, und auch nicht die Dolomiten, die sich mit ihren unerreichbaren geheimnisvollen Gipfeln bis über die Wolken auftürmen. Eben weil diese Berge menschliches Maß wahren, stehen sie für das Bodenständige, für den Geruch nach Erde und den herben Geschmack der Feldarbeit, eine Rauheit, von der die Hände schwielig und die Gedanken spröde werden. Und sie hat auch den Alltag des protoeuropäischen Volkes der Irpinier (von *hirpus,* was im Oskischen «Wolf» bedeutet) geprägt. Von ihnen habe ich 90 Prozent meines Erbguts bezogen.

Diese Berge zu besteigen, ihre Gipfel zu erklimmen, um mich selbst und sie mit ihren Geheimnissen herauszufordern, war als Kind mein Traum. Ich bin mir sicher: Hier habe ich denn auch die bedächtige, «geologische» Gangart erlernt, die notwendig ist, um die eigene Umgebung in aller Ruhe in sich aufzunehmen, um zu erkunden, zu betrachten, was sich dem Auge darbietet, und um es zu einem Teil von einem selbst zu machen. Nicht einmal der Golf von Neapel (wo ich Ingenieurwissenschaften studiert habe) und die Gewässer um Brasilien (wo ich mehrmals eine Zeitlang lebte) konnten meine Bindung zu diesen Bergen lockern oder gar auslöschen. Immer wenn ich sie staunend von oben bis unten betrachtete, hätte ich mir nie vorgestellt, dass ich eines Tages einmal die Gletscher in der Arktis, die Rocky Mountains, die Berge Alaskas, die Wälder Finnlands oder das vereiste Lavagestein Islands in Augenschein nehmen würde.

Als ich meine Promotion in Angriff nahm, beschäftigte ich mich plötzlich mit Themen, die einem Kind des Südens eigentlich sehr fremd sind: zunächst mit Schnee, dann mit Eis. Als ich in dieser Zeit – vor fast zwei Jahrzehnten – erstmals die Gletscher der Dolomiten besuchte und von ihren majestätischen Gipfeln aus auf die Welt herabschaute, fühlte ich mich von diesen großen und einsamen weißen Weiten unwiderstehlich angezogen. Vor diesem Panorama festigte sich in meinem Verstand und Herzen endgültig und unverrückbar der Entschluss, mir vom Grönländischen Eisschild mit eigenen Augen ein Bild zu machen. Umgesetzt wurde er mehrere Jahre später, in diesem Land, das nach und nach, mit jedem Jahr und jeder weiteren Expedition, immer mehr zu einem unverzichtbaren Teil meines Lebens werden sollte. Es war der Ausgangspunkt einer langen und persönlichen Reise zur Erforschung einer Welt, die mich noch heute, nach so vielen Jahren, immer noch staunen lässt und fasziniert.

Es muss Schicksal gewesen sein.

1. DIE URSPRÜNGE DES EISES

Wie so oft, bin ich vor den anderen aufgewacht. Um mich herum herrscht absolute Stille.

Die Nächte in der Arktis haben etwas Besonderes. Ich werde nie vergessen, wie ich hier zum ersten Mal geschlafen habe: die Aufregung, dieses majestätische Eis im unmittelbaren Kontakt zu erleben, das nie verlöschende Licht der Sonne, das das Leben eines jeden begleitet, der meinem Beruf nachgeht. Ich war schon immer Frühaufsteher. Einmal erwacht, schlafe ich nicht mehr ein. Diese Gewohnheit hat sich verstärkt, als ich Vater wurde, und mich nie wieder verlassen.

Die erste «Übung» am Morgen im arktischen Eis ist das Anziehen. Das ist nicht so einfach, wie man meinen könnte. Um in die Welt hinauszugehen, die uns vor dem Zelt erwartet, braucht es mehr als nur eine Schicht Kleidung. Manche nennen es das «Zwiebelprinzip»: mehrere Lagen mit unterschiedlicher Dicke und Funktion, eine direkt auf der Haut, eine darüber und noch eine zum Schutz gegen den Wind.

Die Übung ist geradezu akrobatisch: Das Zelt ist nur einen halben Meter hoch, sodass jede Bewegung koordiniert ausgeführt werden muss. In Rückenlage streift man sich in einer seitlichen Pendelbewegung die Hosen über, schlüpft dann im Sitzen mit gekreuzten Beinen in die oberen Schichten und zieht sich schließlich mühselig die beiden Paare dicke Socken über die Füße, die bis dahin schon eiskalt sind. Erstes Gebot: bloß keine Baumwolle. Unsere Kleidung hält uns deshalb warm, weil sie die erwärmte Luft an der Haut hält, aber wenn sie nass wird, kühlen wir aus, weil sich die isolierenden Luftkammern im Gewebe mit Wasser füllen. Beim Schwitzen auf einem Marsch saugt sich Baumwollstoff wie ein Schwamm mit Schweiß voll und schützt nicht mehr vor der eisigen (grönländischen) Außenluft. Deswegen sind unsere Kleider immer aus isolierendem Material, ob Wolle oder Synthetik.

Ich rutsche an den Reißverschluss des Zelteingangs heran und versuche mit äußerster Vorsicht, meine Reise- und Forschungsgefährten nicht aufzuwecken. Unter normalen Umständen wäre das metallische Geräusch beim Öffnen fast unhörbar, aber in der Stille der Umgebung verstärkt sich der geringste Laut. Unsere Campingzelte des Typs «Vierjahreszeiten», wie sie im Handel heißen, sind leicht und lassen sich in knapp zwanzig Minuten aufbauen. Ihr wasserdichtes Außenmaterial schützt vor Regen, mit dem wir auch in Grönland rechnen müssen. Die landläufige Meinung, wonach es in Zelten kalt sein müsse, stimmt so nicht. Vor allem bei klarem Himmel heizt die starke Grönlandsonne das Innere so sehr auf, dass wir sie vor dem Schlafengehen gut durchlüften müssen, um sie auskühlen zu lassen. Das gilt vor allem für den Hochsommer, wenn die Sonne nie richtig untergeht. In der eisigen Stille, die unser Biwak umgibt, ist das Flüstern des – manchmal konstant, manchmal stoßweise wehenden – Windes die einzige Quelle einer akustischen Verschmutzung, falls hier davon die Rede sein kann. Als ich den Schieber des Reißverschlusses schließlich herunterziehe, meine ich fast einen Knall zu hören, so laut wirkt das Geräusch auf mich. Das ist normal: Töne sind im Grunde nichts anderes als die Übertragung von Druckwellen, die das Ohr erreichen und vom Gehirn entschlüsselt werden. In Grönland geben die dünne Luft und das Fehlen jeder anderen Lärmquelle den alltäglichsten Geräuschen einen ganz anderen Klang, wie man ihn nirgendwo sonst hört. Vielleicht ist es auch Müdigkeit oder nur eine akustische Täuschung. Vielleicht spielt die Kälte unseren Sinnen einen Streich.

Ich krieche auf allen vieren aus dem Zelt, lege mich auf die wasserdichte Matte vor dem Eingang und setze mich auf. In einer letzten Anstrengung ziehe ich mir die Stiefel über die überdicken, aber unverzichtbaren Socken. Und schon bin ich erschöpft. Erschöpft, aber auch aufgeregt beim Gedanken daran, was uns erwartet: Wir müssen jedes Abenteuer, jedes überraschend auftauchende Problem allein mit den Dingen bewältigen, die wir auf die Reise mitgenommen haben. Im Grönländischen Eisschild hilft uns kein Supermarkt oder Elektrohändler aus der Patsche, wenn wir beim Packen einen Schraubenzieher oder eine Rolle Schnur vergessen haben.

Keine Ahnung, ob ich jemanden aufgeweckt habe. Aus

dem Zelt höre ich nur regelmäßige Atemzüge. Es war eine der «interessanten» Nächte, wie ich sie gerne nenne: wenn jemand aufwacht und dann *dich* aufweckt, unvermittelt eine Frage oder einen Gedanken in den Raum stellt oder – was häufiger geschieht – von einem beunruhigenden Geräusch aufgeschreckt worden ist. In dieser Nacht war es Patrick, einer meiner ehemaligen Doktoranden, der noch nie aus New York herausgekommen war. Weil er Grönland im Studium nur anhand von Satellitenaufnahmen und Modellen kannte, habe ich ihm angeboten, sich unserer Expedition anzuschließen – nicht nur als eine (verdiente) Gelegenheit, beruflich voranzukommen, sondern auch, um das grönländische Eis am eigenen Leib zu spüren. Meiner Überzeugung nach müssten alle, die diese gewaltigen und herrlichen polaren Weiten erforschen, sie mindestens einmal im Leben persönlich besucht haben. Patrick ist wohl gegen drei Uhr nachts aufgewacht und hat leicht aufgeregt gefragt, ob ich dieses merkwürdige Geräusch auch gehört hätte, eine Art lautes Grollen, das vom Eis unter uns gekommen sei. «Egal, was du brauchst», hatte ich ihm gleich nach unserer Landung gesagt, «weck mich einfach auf, auch mitten in der Nacht.» Er hat mich beim Wort genommen.

Um ihn zu beruhigen, erklärte ich ihm, dass das Eis häufig Geräusche von sich gibt, aber manchmal bilde man sich in der absoluten Stille auch nur etwas ein. Gewöhnlich ist es ein dumpfes Geräusch, als bräche das Eis tief unter uns auseinander. Es erinnert an das Donnern, wenn ein gewaltiger Steinbrocken auf Felsboden aufschlägt. Ich sagte Patrick, er könne unbesorgt weiterschlafen, war aber selbst von meinen Worten nicht hundertprozentig überzeugt, natürlich nicht: In der Arktis muss man auf kleinste Vorkommnisse achten. Wenige Minuten nach dem Schwatz mit Patrick hörte ich es auch: Es war das Eis unter uns, das mächtig und unaufhaltsam dahinfließt. Im Sommer kann es an der Oberfläche eine Geschwindigkeit von einigen hundert Metern pro Tag erreichen. Das ist ungefähr so, als würden wir in Rom unser Zelt auf der Piazza di Spagna aufschlagen und am darauffolgenden Morgen auf der Piazza del Popolo aufwachen. Patrick hatte einen Nerv getroffen: Mein Schlaf war dahin. Ich war besorgt, aber auch aufgeregt. Angespannt horchte ich auf jeden noch so unscheinbaren Laut, als lauschte ich dem Atem eines Dinosauriers.

Das Strömen des Eises ist ein Phänomen, das nur wenigen bewusst ist. Viele glauben, dass Grönlands Eismassen (und auch andere Gletscher) in sich ruhen, ohne sich vom Fleck zu rühren. Wie lebloses Material. Aber das Gegenteil ist der Fall. Wie uns die alten Griechen lehren, ist alles im Fluss: *panta rhei*. Und so strömt auch das Eis dahin wie ein träger Strom, dessen Wasser dem Gefälle seines Bettes folgt. Im Winter, wenn es kälter und zähflüssiger ist, verlangsamt sich seine Bewegung. Dagegen gleitet es im Sommer wie über eine steil abfallende nasse Straße ungebremst in die tiefer gelegenen Lagen hinab. In der «warmen» Jahreszeit sickert durch Risse und Spalten Schmelzwasser ins gleitende Eis ein und beschleunigt dessen Fließgeschwindigkeit, wenn es den felsigen Grund erreicht.

Daran dachte ich wieder, als ich auf die Stiefel blickte, die ich mir am Ende mühselig übergestreift hatte. Für unseren späteren Ausflug werde ich mir anderes Schuhwerk anziehen: Weil sie bis zur Wade reichen, sind sie für längere Märsche ungeeignet. Aber im Lager erfüllen sie perfekt ihren Zweck: Die Polsterung schützt die Füße noch bei Temperaturen von minus 40 Grad Celsius. Allerdings nicht meine. Sie verlieren die Wärme, sobald ich aus dem Zelt geschlüpft bin, und sind immer noch kalt, wenn ich am Ende des Tages wieder in ihm verschwinde. Ich sage mir immer: «Inzwischen bist du die Kälte doch gewohnt, stell dich nicht so an.» Leider ist das Gegenteil der Fall: Mit meiner langgliedrigen Statur habe ich zu wenig Körpermasse, die vor dem Auskühlen schützt. Auf unserer Exkursion nutzen wir Wanderschuhe, die sich für den Berg oder fürs Eis eigenen. Ihre Struktur gibt Halt an den Knöcheln und mindert die Gefahr von Zerrungen, sie schützen aber noch weniger vor Kälte.

Draußen setze ich mich auf den Klappstuhl neben dem Zelteingang. Ich habe Lust auf eine Tasse mit dampfend heißem Kaffee, warte aber lieber, bis alle wach sind. Irgendwie träume ich wie in einem Dämmerschlaf weiter. Ich denke daran, dass ich dieses Glück − besser kann ich es nicht nennen − gar nicht hoch genug einschätzen und es auch mit keinem materiellen Gegenwert beziffern kann: diese Landschaft um mich herum zu betrachten, hier inmitten der Stille, umgeben von Schnee und Eis.

Wer die Arktis noch nie betreten hat, würde sicher schon beim ersten Blick eine Überraschung erleben. Die Landschaft vor mir ist alles andere als eintönig oder flach. Ähnlich wie in einer Wüste ziehen sich wenige Meter hohe Schneedünen der Hauptrichtung des Windes entlang durchs Gelände. Auch das war beim Aufbau unserer Zelte zu beachten: Wir mussten sie so ausrichten, dass der Wind sie nicht mit diesem Schnee auffüllt, der wie von winzigen Brillanten überzogen funkelt. Dieses Glitzern erinnert mich an die Gischt der Riesenwellen, die die Surfer vor den Hawaii-Inseln oder den Stränden Rio de Janeiros reiten. Es entsteht, wenn der Wind oder andere Kräfte die auf dem Boden gelandeten Schneeflocken in ihre kleinsten Kristalle zerlegen und diese nach dem Zufallsprinzip anordnet. Wie zahllose winzige Spiegel, die über die Oberfläche der Schneewehen verteilt sind, reflektieren sie das Sonnenlicht in alle Richtungen. Deshalb sehen wir dieses Funkeln.

Staunend schaue ich mich weiter um. Ein Schleier aus Schnee, den der Wind verweht hat, überzieht das Eis in rundlichen Mustern, geformt von den Böen und Wirbeln dieser polaren Brise. Es ist, als füge ein hinter mir stehender Maler dem Gemälde, das ich betrachte, immer weitere Details hinzu. Als habe er an einigen Stellen am Horizont pastöse Farbkleckse aufgebracht und dann beschlossen, sie mit seinem Pinsel auszustreichen. Der türkisfarbene Himmel – ein einzigartiges Türkis wegen der hiesigen Atmosphäre, die dünner und trockener ist als in südlicheren Breiten – dient meinen Gedanken als Leinwand: Es ist ein majestätisches Kolorit. Es kommt zwar nicht mit der Kraft der Regenwolken über englischen Landstrichen oder

der Urgewalt der Gewitterstürme am Äquator daher, präsentiert sich aber wie eine große Farbwelle: majestätisch, zugleich reglos, sich der eigenen Größe und Mächtigkeit bewusst, aber ohne damit protzen zu müssen.

Der Himmel überspannt in dieser Region eine einzigartige Weite. Beide Elemente, Himmel und Eis, teilen jetzt den Raum unter sich auf, als farbliche Alleinherrscher, die nur den Blau- und den Weißtönen das Feld überlassen. Wie in einem Flashback erinnere ich mich wieder, wie ich nach meiner ersten Reise ins grönländische Eis auf dem Rückflug vom Hubschrauber aus nach zahlreichen Monaten erstmals wieder das Grün der Tundra, das Rot und die vielen Nuancen des kahlen Bodens gesehen habe. In diesem Moment fiel mir auf, dass ich in diesen vielen Tagen auf dem Eis das Gefühl gehabt hatte, beim Hören und Sprechen mit nur noch wenigen Wörtern auszukommen. Als sei aus meinem Farbwortschatz und aus meiner Persönlichkeit ein Teil ausgelöscht worden.

Es ist eine freundliche Einöde, die das Eis vor meinen Augen ausbreitet. Sie flößt ein Gefühl des Friedens, der Ruhe ein. Halb träumend und halb wach, wiege ich mich in dieser Empfindung wie in einer Schaluppe, die über ein ruhiges Meer dahindümpelt. Die Zeit, wie man sie anderswo versteht, existiert hier nicht. Sie erinnert mich irgendwie an die «geologische» Zeit meiner Heimatregion. Eine Uhr ist überflüssig. Ich bin keinen Zwängen unterworfen, und es wäre sinnlos, die jüngsten Nachrichten zu verfolgen oder ein neues Musikalbum herunterzuladen. Der getaktete Zeitablauf, wie wir ihn gewöhnlich erleben, hat hier keine Bedeutung.

Das Eis ist ein Elefant, und ich bin eine Zelle. Das grönländische Eis braucht Jahrtausende, um sich zu bilden: Jahr um Jahr wird sich anhäufender und im Sommer nicht abtauender Schnee unter weiterem Schnee begraben. Die grönländische Landschaft entstand und entwickelt sich dank des Beitrags von Millionen winziger Teilchen, der Schneekristalle, die sich schrittweise mit der Zeit zu einer immer höheren Schicht auftürmen. Der Schnee sackt unter der Last des eigenen Gewichts zusammen, entlässt die eingeschlossene Luft und verbäckt zu einem Eis mit einer Dichte, deren Wert für Insider ein Dogma ist: 917 Kilogramm pro Kubikmeter. Neunhundertsiebzehn. Das ist die magische Zahl, die polare Kabbala: Die geometrische Struktur des Eises überlässt der Luft weniger als 10 Prozent vom Volumen, während Wasser im Festzustand den Rest ausfüllt. Die Bildung von Eis ist ein konstanter Prozess, der sich über Jahrzehnte, Jahrhunderte und Jahrtausende erstreckt. Hat das Eis erst eine «kritische» Masse erreicht, setzt es sich unter der Last des eigenen Gewichts als ein Strom in Bewegung. Einmal mehr drückt die Gravitation, diese geheimnisvolle und faszinierende Naturkraft, der Welt um uns herum ihren Stempel auf.

Das Abschmelzen des Eises braucht wenig Zeit: Das in langsamer und geduldiger Arbeit geschaffene Werk geht im Verlauf eines Tages oder noch schneller wieder zugrunde. Die ausgedehnte gefrorene Masse fließt in einem natürlichen Tempo dahin, ohne Rücksicht auf uns Menschen der modernen Gesellschaft, die wie wild gewordene Zellen umherschießen, um alles in sich aufzunehmen, bis der nächste digitale Reiz auf dem Bildschirm unseres Smartphones aufblitzt. Wie ein Virus, der alles und alle angreift, haben wir, diese winzigen Geschöpfe, die Erde mit unserem Ausstoß an Treibhausgasen so stark aufgeheizt, dass er den majestätischen Grönländischen Eisschild bedroht und sogar in die Knie zwingt.

Im Zentrum dieser polaren Zone erreicht der Eisschild an seinen dicksten Stellen eine Höhe von bis zu drei Kilometern und fällt bis auf mehrere hundert Meter ab, ehe sich seine Gletscher wie perlweiße Lavaströme ins Meer ergießen. Die untersten Schichten des Eises sind die ältesten, die den höchsten Drücken ausgesetzt sind und seit Jahrtausenden auf dem Granitgestein liegen. Während das Eis zum Ozean hinfließt und zu den eigenen Ursprüngen zurückkehrt, taut es an der Oberfläche ab und entlässt so einen Teil seines Gedächtnisses ins Meer. Die einzelnen Schichten des Eises, abgelagert in verschiedenen Perioden, verformen sich, bilden Wellen, verschmelzen in dem kontinuierlichen Fluss miteinander, der die Oberfläche und die unteren Lagen umwälzt.

Ich denke an die letzten Einzelheiten unserer Messungen, gehe in Gedanken nochmals durch, was zu tun und was zu lassen ist. Wir sammeln Daten, die uns verstehen helfen, wie sehr der Klimawandel das Abschmelzen dieser Eismassen beeinflusst und wie sich dies auf den Anstieg der Meeresspiegel auswirkt. Wir untersuchen nicht nur den Einfluss der steigenden Temperaturen auf die Bildung und Entwicklung der Fluss- und Seesysteme, die aus Schmelzwasser entstanden, sondern auch die grundlegende Rolle, die die Sonne – und die «Verdunkelung» des Eises – bei diesen Abläufen spielt. Dabei wissen wir freilich, dass Grönland sehr viel mehr als nur dies ist. Wir sind auch hergekommen, um es zu entdecken, seine Welt zu genießen und sie in uns aufzunehmen.

Ich schaue und träume, träume und denke. Ich denke an meine Herkunft, meine Wurzeln, von denen ich bisweilen befürchte, dass sie ausgerissen wurden, als ich Italien verlassen habe. Ich denke an diesen Teil des Südens zurück, aus dem ich stamme: harte, fruchtbare Erde, auf der die Wurzeln – für alle, die noch dort leben oder mit der Region eng verbunden blieben, obwohl sie längst abgewandert sind – bis weit in die Tiefe hinabreichen. Wurzeln, die mir in meiner Existenz immer noch einen Halt geben: etwas, das mich auch in der Wahlheimat, den Vereinigten Staaten von Amerika, in denen ich inzwischen seit vielen Jahren lebe, immer noch bestimmt und beeinflusst. Wurzeln verbinden, verankern, umschließen und sprengen. Sie geben zusätzliche Stabilität, erschweren es aber auch, echten Wandel herbeizuführen. Sie verändern einen langsam, Zug um Zug, wie im Tempo des Pflanzensafts, der vom reglosen Boden aus den Stamm, die Zweige und die Blätter mit Nährstoffen versorgt.

Die morgendliche Trägheit, der aufgelaufene Schlafmangel und diese große Lust auf – oder besser Gier nach –

Kaffee vernebeln mir für einen Augenblick die Sinne. Ich stelle mir Wurzeln vor, die sich in den vereisten Boden schlagen, bewegliche Wurzeln, die dem Fluss des Eises folgend allmählich weiterwandern. An diesem kalten Morgen in der Arktis verschafft mir die Vorstellung ein wohliges Gefühl: Im Grunde habe auch ich mich von meinem Ursprungsort weit wegbewegt. Ein notwendiger Ortswechsel, um neue Wurzeln zu schlagen und neue Blätter zu treiben, die sich am Saft der ursprünglichen Wurzeln genährt und an neuem Humus gekräftigt haben.

Das scheinbar statische Eis mit seiner Dynamik erinnert mich ein wenig an mich selbst.

2. MUTTER GRÖNLAND

Das Kaffeewasser kocht. Ich öffne die luftdicht verschlossene Dose mit der kostbaren gemahlenen Mischung. Sofort erfüllt das Aroma unser Küchenzelt, ein Duft, der auch deshalb fast scharf riecht, weil anders als in der Stadt keine weiteren Gerüche in der Luft liegen. Ich gebe Kaffeepulver in die Kanne, gieße Wasser darüber und sehe, wie der braune Schaum an der Oberfläche aufquillt. Ich setze den Deckel auf das Gefäß, warte einige Minuten und drücke den Stempel mit dem Filter bis auf den Boden herab, damit sich der Kaffeesatz von der duftenden schwarzen Flüssigkeit trennt.

Die anderen haben sich zu mir gesellt: Der bereits genannte Patrick sowie Ian und Alison, beide Engländer, besonders liebe Freunde und Experten der Hydrologie, sowie Christine, die das Leben unter den Extrembedingungen im Eis erforscht. Unser Kaffeeritual ähnelt der «Poesie des Lebens», wie es der Dramatiker und Regisseur Eduardo De Filippo in der Komödie *Diese Gespenster!* genannt hat. Die Zutaten fürs Frühstück haben wir ebenfalls im Hubschrauber mitgebracht: Wir rühren das Milchpulver mit Wasser an und geben Haferflocken, Trocken-früchte, Nüsse und wahlweise Rohrzucker oder Brom-beermarmelade dazu. Dann geht das Mahl mit Brot aus Hartweizenmehl, Butter, Marmelade oder Erdnussbutter weiter, während wir eine zweite Portion Kaffee zubereiten.

Im Verlauf unserer Expedition müssen wir uns mit einem immer schlichteren und spartanischen Frühstück begnügen, bei dem unsere Kreationen ihrerseits zu einem wissenschaftlichen Experiment werden. Ich blicke nach draußen: Während der erste Schluck Kaffee in der Kehle brennt, geht der Himmel von einem Kobalt- in ein Himmelblau über. Die Sonne, die nie ganz verschwunden ist, steigt höher über den Horizont und kreist wie an einem unsichtbaren Faden befestigt über unseren Köpfen.

Die Sonne. Sie ist die Hauptverantwortliche für alles: für unser Klima, unsere Anwesenheit auf diesem Planeten, die Eisschmelze auf Grönland und den Anstieg der Meeresspiegel. Sie und die weltweiten Temperaturen, die in den vergangenen Jahren über die Maßen in die Höhe geklettert sind und unsere geliebte Erde langsam in ein Haus verwandeln, das für Menschen eines Tages vielleicht nicht mehr bewohnbar sein wird.

Schwester Sonne und Bruder Mond. Auch in den nordischen Kulturen und hier in Grönland sind unser Zentralgestirn und unser Trabant mit den Begriffen des Weiblichen und Männlichen verbunden. Aber anders als in den romanischen Kulturen: Hier, inmitten der weißen Eismassen, ist die Sonne weiblich und der Mond männlich. Immer noch frühstückend, greife ich zu meinem Laptop.

Ich habe mehrere interessante Artikel heruntergeladen, darunter einige über die grönländische Kultur. Als ich sie mir anschaue, erkundigen sich Christine und Ian nach meiner Lektüre. Also lese ich laut vor.

Nach der Legende der Inuit waren Malina (die Sonne) und Anningan (der Mond) ein eng verbundenes junges Geschwisterpaar, das nach dem Aufwachsen aber getrennt wurde. Die Schwester lebte in der Zone für Frauen und Anningan in der für Männer. Anningan beobachtete die Frauen und stellte eines Tages fest, dass seine Schwester unter allen die Schönste war. Da beschloss er eines Nachts, sie in ihrem Bett aufzusuchen, und missbrauchte sie im Schutz der Dunkelheit. Die arme Malina hatte nicht die geringste Ahnung, dass es ihr Bruder war, der ihr dies antat. Für ein zweites Mal wollte Malina gewappnet sein: Sie bedeckte ihre Hände mit dem Ruß von Lampen, um das Gesicht des Vergewaltigers zu beflecken und ihn am darauffolgenden Tag zu entlarven. Sie wartete geduldig, und als Anningan erneut zu ihr kam, berührte sie sein Gesicht und schwärzte es mit Ruß.

Am nächsten Tag nahm Malina ihre Suche unter den Männern des Dorfes auf, um ihren Peiniger ausfindig zu machen, und stellte zu ihrer Erbitterung überrascht fest, dass es Anningan war. Blind vor Wut schnitt sie sich die Brüste ab und bot sie ihrem Bruder mit den Worten dar: «Wenn ich dir wirklich so sehr gefalle, dann iss die da!» Daraufhin machte sie sich davon. Ebenfalls vom Zorn überwältigt, eilte ihr Anningan hinterher, worauf sich beide ein so geschwindes Verfolgungsrennen lieferten, dass sie sich schließlich vom Boden in die Lüfte erhoben: So wurden sie zu den beiden Gestirnen, die einander noch heute am Himmel hinterherjagen.

Auch erzählt die Legende, dass Anningan in seinem Lauf häufig zu essen vergaß, immer dünner wurde und deshalb jeden Monat für drei Tage (zu Neumond) verschwand, um sich zu stärken und wieder zu Kräften zu kommen, damit er seine Verfolgungsjagd fortsetzen konnte. Als ich zu Ende gelesen habe und den Kopf hebe, sehe ich die anderen, wie sie mich verblüfft anblicken. Ich weiß: Die Legende ist heftig, mit grausigen Akzenten in den Bildern und Details, aber auch durchdrungen von einer Symbolik, die uns den innigen Bezug der hiesigen Bevölkerung zur Natur verrät.

Wieder herrscht Stille, und ich habe fast das Gefühl, zuhause am Küchentisch zu sitzen. Wir haben noch etwas Zeit, bevor wir die Rucksäcke für unsere Exkursion packen. Volkstümliche Erzählungen und Legenden haben mich immer schon fasziniert, also beschließe ich, mehr über die Mythologie der Inuit zu lesen. Viele althergebrachte Geschichten erzählen davon, wie die Menschen hier versuchten, die Welt um sie herum zu verstehen; zwei davon beeindrucken mich besonders: die Geschichte von Akhlut und die Geschichte von Nanook.

Akhlut ist der Orca-Geist, kann aber auch die Gestalt eines riesigen Wolfs oder die einer Schimäre aus Schwertwal und Wolf annehmen. Diese Bestie ist laut dem Mythos hochgefährlich, weil sie sich auf festen Boden begibt, um dort Jagd auf Menschen zu machen. Akhlut hinterlässt Wolfsspuren, die vom Meer ins Landesinnere und zurück führen, Zeichen dafür, dass er unter der Wasseroberfläche auf Beute lauert. Diese Geschichte erklärt, warum die Menschen hier glauben, dass Huskys (Schlittenhunde), die zum Ozean oder sogar in ihn hinein rennen, von Dämonen besessen seien.

Nanook ist dagegen der Herr der Polarbären. Dem Glauben der Inuit nach ist er majestätisch und mächtig, teils Mensch, teils Bär. Bären hinterlassen ähnliche Spuren wie der aufrecht gehende Mensch im Schnee, weil sie häufig die Hintertatzen in die der Vordertatzen setzen, um nicht einzusinken und besser voranzukommen. Bei Jägern genießt Nanook besondere Verehrung, weil sie annehmen, dass er über ihren Jagderfolg entscheiden kann. Tatsächlich glauben die Inuit, dass Eisbären sich freiwillig erlegen lassen, um an die Gaben zu kommen, die ihren Geistern nach erfolgreicher Jagd dargebracht werden: Wird ein männliches Tier getötet, so lassen die Jäger auf dem Eis Waffen und anderes Jagdgerät zurück, während weibliche Bären eine Schachtel für Nadeln, ein Schabeisen und Messer erhalten. Wurde ein erlegter Bär von einem Jäger reich belohnt, verkündet er seinen Freunden die gute Nachricht. Dann lassen sich die Bären (gewissermaßen) lieber von diesem als von einem anderen töten.

Ian weckt mich aus meinem Tagtraum von einem Mond, der der Sonne hinterherjagt, während ein Wesen, halb Schwertwal, halb Wolf, zum Sprung ansetzt, um ihn in der Luft zu zerfleischen. Er erzählt mir von einer Meldung, die er kürzlich über die Sichtung eines Polarbären gelesen hat. Anders als sonst war der Bär nicht in der Nähe eines Dorfs oder einer Siedlung aufgetaucht (was wegen des Klimawandels immer häufiger vorkommt), sondern an ganz außergewöhnlicher Stelle: Noch nie war ein Eisbär so weit von der Küste entfernt gesichtet worden. Zu der Begegnung, falls man sie so nennen will, kam es in der Forschungsstation Summit Camp in Grönland, die auf dem höchsten Punkt der dänischen Insel, in über 3000 Metern Höhe und mehrere hundert Kilometer von der Küste entfernt, liegt. Das Camp ist ein dauerhaftes Basislager, ein Vorposten der Arktisforschung. Es beherbergt regelmäßig Dutzende Personen, darunter Logistikpersonal und Wissenschaftler, und besteht aus mehreren Einzelzelten zur Übernachtung sowie einem Zentrum mit einer Küche und Arbeitstischen.

Für einen Moment erinnere ich mich wieder an dieses verwirrte und schwindelige Gefühl, das mich in der dünnen Luft in dieser Höhe überkam, als ich das Summit Camp vor einigen Jahren zum letzten Mal besucht habe. Damals fuhren wir eine gute Woche auf Motorschlitten herum, um Daten zu sammeln. Noch mitten im Sommer herrschte eine Kälte bis minus 25 Grad Celsius. Der Eisbär, der in Summit gesichtet wurde, soll laut der Meldung in den Zelten «herumgeschnüffelt» und unter den Bewohnern des Lagers Verblüffung und Panik ausgelöst haben. Konsterniert schauen wir uns an, während wir die letzten Happen des Frühstücks verzehren: Was hat dieses Tier dazu getrieben, sich so weit von der Küste zu entfernen? In welcher Verfassung ist es dort angelangt? Wie viel Kraft musste selbst eine so majestätische und kräftige Kreatur aufbringen, um es ohne jede Möglichkeit zur Nahrungsaufnahme bis an dieses Lager zu schaffen?

Ich erinnere mich, dass vor unserer Abreise einige Kollegen darüber redeten, dass die Ausdehnung der Meereisfläche im vergangenen Frühjahr deutlich unter der durchschnittlichen lag und damit einen neuen Negativrekord aufgestellt hat. Als ich Ian anschaue, einen hochgewachsenen, über fünfzigjährigen englischen Gentleman mit blauen Augen, verrät mir sein Blick, dass wir das Gleiche denken. Vielleicht, so seine Hypothese, habe der Bär seinen unerwarteten Ausflug im verzweifelten Versuch unternommen, einer Spur von Gerüchen zu folgen, die der Wind von der Station aus bis an die grönländische Küste verbreitet hatte. Eisbären sind immerhin berühmt für ihre feine Nase, mit der sie eine Robbe noch unter einem Meter Eis aus einer Entfernung von über eineinhalb Kilometern aufspüren können.

Christine, diejenige von uns mit den größten Kenntnissen in Biologie, schüttelt den Kopf – das energische Auftreten hat sie sich in den Jahren angeeignet, als sie sich in einer von Männern dominierten akademischen Welt durchsetzen musste. «Das ist unmöglich», sagt sie uns.

Selbst mit einem so hochempfindlichen Geruchssinn wäre kein Tier in der Lage, eine Witterung aus einer solchen Entfernung aufzunehmen. Patrick reckt den Kopf über seiner Schüssel in die Höhe, mit seinem rötlichen Bart, der fast in die Milch hängt und durch die abrupte Bewegung hin und her pendelt. Auf einer unserer Instrumentenkisten sitzend, schaut er von unten zu uns auf. Er hat eine andere Hypothese parat: Der Bär soll der olfaktorischen Spur der Konvois gefolgt sein, die manchmal zum Materialtransport und zum Datensammeln am Boden eingesetzt werden. Vielleicht, so denke ich mir, hat der Bär bei seiner Wanderung über das Eis die Orientierung verloren. Vielleicht ist er zufällig bis weit ins Landesinnere geraten, hat irgendwo Gerüche gewittert und ist der Spur bis zum Summit Camp nachgegangen.

Wir finden keine Erklärung und sind frustriert, weil wir als gute Forscher immer auf alles eine Antwort haben wollen. Und der Frust weicht Betroffenheit, als Ian uns sagt, dass der Bär nach mehreren Versuchen, ihn von der Forschungsstation zu vertreiben, erschossen worden sei. Warum wurde kein Versuch unternommen, den Bären zu betäuben und ihn zurück an die Küste zu verfrachten, frage ich mich. Immerhin bieten die C-130-Maschinen, die für Verbindungsflüge zur Basis eingesetzt werden, für so ein Tier oder einen passenden Käfig ausreichend Platz. Unsere einzige, deprimierende Antwort lautet, dass das Leben eines Eisbären angesichts der Kosten eines solchen Manövers wohl nicht wertvoll genug erschien.

Mir kommt eine andere Begebenheit in den Sinn, die sich kürzlich in der Antarktis, am anderen Ende der Welt, ereignet hat und die ebenso rätselhaft wie das Auftauchen des Bärs in Summit ist. Dort verschwanden über 100 000 Adeliepinguine vom Kap Denison am Kopf der Commonwealth-Bucht. Das Felsenkap ist nach Sir Hugh

Robert Denison benannt, der ein Jahrhundert zuvor die australische Expedition von Douglas Mawson finanziert hat. Mawson hat die Gegend als den «windreichsten Ort der Erde» bezeichnet.

Von den über 100 000, vielleicht sogar 150 000 Pinguinen, die diese Kolonie 2011 noch zählte, sind jetzt nur noch wenige tausend übrig. Schuld daran, wenn man es so ausdrücken will, trägt B09B – kein Roboter aus *Krieg der Sterne*, sondern ein gigantischer Eisberg, der mit einer Ausdehnung von rund 100 Quadratkilometern genau an der Commonwealth-Bucht auf Grund lief, nachdem er zwanzig Jahre lang durch das Südpolarmeer getrieben war. Dies hat den Pinguinen mit den weiß umränderten Augen den direkten Zugang zu ihren gewohnten Fischgründen im Ozean versperrt. Um Nahrung zu suchen und ihre Küken zu versorgen, mussten sie so bis zum Meer lange Wanderungen (mindestens 60 Kilometer) und wieder zurück unternehmen.

Was mit den Pinguinen genau geschah und warum sie verschwanden, kann niemand sagen. Nach der pessimistischsten Hypothese sind die allermeisten an Nahrungsmangel zugrunde gegangen. Eine andere, weniger tragische ist vielleicht wahrscheinlicher: Demnach hat das verhängnisvolle Ereignis nur zu einer Abwanderung der Kolonie geführt. Ich zucke wortlos mit den Achseln: Wer weiß schon, ob die Wahrheit jemals ans Licht kommt.

Nach dem ausgiebigen Frühstück fühlen wir uns voller Energie und spüren nichts mehr von der Kälte. Jetzt sind wir richtig wach. Während wir den Tisch abräumen und das Geschirr spülen, kehrt unser Gespräch zu den Inuit zurück. Eine der ersten indigenen Gruppen, die sich hier niederließen, waren die Thule-Inuit, die vor ungefähr 800 Jahren an der Küste ankamen. Äußerst gut an das Leben in diesen Gefilden angepasst, waren diese Männer und Frauen nach Osten gezogen und über die Beringstraße bis nach Grönland gelangt. Einer Erzählung zufolge hatten sie vom Eisen gehört, und dass es sich wunderbar für den Bau von Werkzeugen eigne. Sie waren überzeugt davon, es in den Meteoriten im nördlichen Grönland zu finden: im legendären «Ultima Thule». Wie die alten Ägypter haben auch sie entdeckt, dass die vom Himmel herabgefallenen gewaltigen Brocken dieses kostbare Material enthielten, das die Macht besaß, die Menschheitsgeschichte zu verändern. Die Inuit hüteten eifersüchtig ihre Meteoriten. Und nicht zu Unrecht. Nachdem Admiral Peary sich von ihnen den Ort hatte zeigen lassen, wo die Meteoriten lagerten, verlud er sie (ohne Erlaubnis) auf ein Schiff nach New York. Dort dienen sie heute dem American Museum of Natural History als Ausstellungsstücke. Wer sie sich bei Gelegenheit anschaut, der denke daran: Sie sind Raubgut, und für den Diebstahl wurde niemand je zur Rechenschaft gezogen.

Die Thule-Inuit waren Wal- und Robbenjäger, die wahrscheinlich erstmals Hunde nach Grönland einführten und die traditionellen Schlittenrennen begründeten, die noch heute existieren. Die Hunde zogen (und ziehen noch) die Schlitten, die sie in die Jagdgründe bringen. Leider stiegen und steigen die Temperaturen in der Arktis immer weiter – doppelt so schnell wie im Durchschnitt auf dem

Planeten –, sodass mit der Umwelt und dem gesamten Ökosystem auch diese Tradition in Gefahr gerät. Die Ortsansässigen, Nachkommen der Saqqaq-Kultur, die das Gebiet vor rund 4000 Jahren besiedelte, sagten uns unter anderem, dass die Jäger Robben, die sich in ihren Netzen verfangen haben, binnen weniger Stunden bergen müssten: Sonst würden die Kadaver von bislang unbekannten Würmern und Parasiten befallen, die sie in kürzester Zeit unbrauchbar machen. Die Jäger meinen, dass sich diese Organismen wegen der Erwärmung der Gewässer weiter nach Norden ausgebreitet hätten.

Zusätzlich bedroht wird die Kultur dieses Volkes durch die Auswirkungen eines «Klimawandels» in ihrer Wirtschaft. Selbst winzige Ansiedlungen im Nordwesten Grönlands verfügen heute über Elektrizität, auch wenn ein kleiner Teil von ihr aus Dieselgeneratoren stammt. Um sich Strom leisten zu können, muss mindestens ein Mitglied jeder Familie einer dauerhaften bezahlten Beschäftigung nachgehen. Meistens übernimmt dies eine Frau, ob nun die Ehefrau, Tochter oder Mutter. Die Männer können so weiter in Vollzeit zur Jagd gehen. Als eine Folge dieser Arbeitsteilung verlieren die Frauen von Thule ihre traditionellen Handwerkskenntnisse (zum Beispiel wie man Felle abzieht und zurichtet) schneller als die Männer, auch wenn diese ebenfalls zu immer «moderneren» Mitteln wie Motorschlitten und Gewehren anstelle von Hunden und Harpunen greifen.

Als Musikbegeisterter kann ich es nicht unterlassen, von der grönländischen Musikkultur zu reden. Grönlands Inuit haben mit ihren kanadischen Nachbarn in Yukon, in Nunavut und in den übrigen Nordwest-Territorien sowie in Alaska eines gemeinsam: eine starke Musiktradition. Die grönländische Inuit-Musik basiert auf Gesang und Schlaginstrumenten und kommt allgemein nur bei großen Festen und anderen wichtigen Zusammenkünften zum Einsatz. Erste Aufnahmen stammen aus dem Jahr 1905, die damals gespielte Musik wird noch heute aufgeführt. Grönländische Trommeln bestehen aus Holzrahmen, bespannt mit Tierhäuten; die Musiker selbst verzieren sie mit symbolträchtigen Motiven. Durch den verstärkten Austausch mit anderen Kulturen finden sich neuerdings auch Harfe und Violine. Die grönländischen Trommeltänze werden von einem einzelnen Tänzer bestritten, der zur laufenden Musik improvisiert, gewöhnlich in einem *Qaggi*, einem Schneehaus, das eigens für diese und andere Gesellschaftsereignisse errichtet wird. Die entscheidenden Kriterien für das Können des Musikers sind seine Ausdauer während der langen Aufführung und seine Kompositionskunst. Trommeltänze sind ein wichtiges Element des kulturellen Zusammenhalts der grönländischen Inuit. Sie dienen dem persönlichen Ausdruck oder auch rein der Unterhaltung. Gewöhnlich handelt es sich um ein unbekümmertes geselliges Ereignis, mitunter aber auch um einen echten Wettstreit, bei dem sich zwei Konkurrenten mit ihrem Gesang und Tanz gegenseitig parodieren und dabei die Schwächen des anderen bloßstellen. Manchmal dienen sie sogar dazu, Fehden zwischen Familien oder Einzelnen zu entscheiden. Als Sieger geht hervor, wer das größte Gelächter auslöst.

Patrick, der sich mit den sozialen Verhältnissen Grönlands eingehend auseinandergesetzt hat, berichtet uns von der erschreckend hohen Selbstmordrate in den Gebieten der Ureinwohner (im Durchschnitt 80 auf 100 000 Personen, mehr als doppelt so viele wie in Litauen, das in dieser Statistik Rang zwei einnimmt). Grönland taucht so gut wie nie in solchen Statistiken auf, weil es nicht als ein eigener Staat, sondern als eine Region Dänemarks gilt. Und landesweit liegt der Durchschnitt bei 9 Suiziden auf 100 000 Einwohner, also weitaus niedriger als in Grönland.

Der Anstieg der Suizidrate in Grönland setzte in den Siebzigerjahren ein, hauptsächlich in den Städten, mit einem Maximum von 107 Selbsttötungen auf 100 000 Einwohner im Jahr 1994. Es ist unklar, inwieweit die geografische Isolation, die geringe Siedlungsdichte und das raue Klima der Insel für diese kollektive Tragödie verantwortlich sind. Noch beunruhigender ist, dass sich unter den Grönländern mehrheitlich Jugendliche oder junge Erwachsene das Leben nehmen (während in den meisten anderen Ländern Ältere die Statistik anführen). In einer Umfrage von 2008 räumte eine von vier jungen Grönländerinnen ein, schon einen Selbstmordversuch unternommen zu haben. Manche vermuten, dass der Nachahmungseffekt dabei eine große Rolle spielt. Uns kommt diese Deutung zu einfach vor. Schweigend packe ich meinen Rucksack, suche die Instrumente zusammen und warte dann, bis auch die anderen mit ihren Vorbereitungen fertig sind.

3. DIE FARBE GRÖNLANDS

Unvermittelt lockern die Wolken auf und machen gleißendem Licht Platz. Es ist die allgegenwärtige grönländische Sommersonne, hell und klar, eine Art Leuchtfeuer, das weder Ost noch West anzeigt, sondern ständig über unseren Köpfen kreist. Im Sommer geht unser Zentralgestirn hier bekanntlich nie unter und im Winter nie auf. Verantwortlich dafür ist die Neigung der Rotationsachse unseres Planeten, die dafür sorgt, dass die Sonne im europäischen Sommer die Nordhalbkugel und im Winter die Südhalbkugel stärker bescheint. Dazu ein schlichtes kleines Experiment: Man spieße einen Apfel auf ein Messer und nehme eine Taschenlampe oder andere Lichtquelle zur Hand. Hält man den Apfel leicht nach rechts geneigt in der linken Hand und strahlt ihn von rechts an, liegt nur die obere Hälfte des Apfels im Licht, während die untere im Dunkeln bleibt. Lässt man die «Sonne» dagegen von links scheinen, taucht sie die untere Zone ins Licht, während die obere in Finsternis liegt. Ebendies geschieht mit unserem Planeten. Im hohen Norden bietet die Sonne mit Blick auf die Himmelsrichtung keinerlei Orientierung. Fast ebenso nutzlos ist ein Kompass, weil der Magnetpol nicht exakt am geografischen Pol liegt und sich die Abweichung desto stärker auswirkt, je näher man Letzterem kommt. Das ist ungefähr so, als will man am Fenster mit dem Finger in Richtung der Vereinigten Staaten deuten und orientiert sich dabei an Kanada. Je mehr man sich dem nordamerikanischen Kontinent annähert, desto stärker weicht die angezeigte Richtung von der tatsächlichen ab.

Wir haben das Basislager soeben verlassen und sind auf den Weg zum ersten Punkt, an dem wir Daten zur «Farbe» von Grönland aufnehmen wollen. Noch bevor ich meine Sehbrille ab- und mir die Sonnenbrille aufsetzen kann, bin ich völlig geblendet. Dazu muss ich nicht einmal direkt in die Sonne blicken, sondern nur kurz die Augenlider heben. Es ist, als habe man mir mit einer Fotokamera direkt ins Gesicht geblitzt. Der Pupille bleibt keinerlei Zeit mehr, um sich zusammenzuziehen und das Auge vor dem grell aufscheinenden Licht zu schützen. Der Schnee, der die Umgebung um unser Lager fast noch überall bedeckt, reflektiert die Sonnenstrahlung rundum in alle Richtungen. Ich fühle mich wie vom Strahl eines Laserpointers getroffen, den jemand direkt in meine Augen gerichtet hat.

Dabei kann ich noch froh sein. Wäre die Reflexion von «frischem», also eben erst gefallenem Schnee ausgegangen, hätte mich die Lichtstrahlung mit einer noch höheren Energie getroffen. Alles eine Frage der Physik: Neuschnee reflektiert rund 90 Prozent der Sonnenstrahlung. Kurzum, es macht kaum einen Unterschied, ob man mit bloßem

Auge direkt in die Sonne blickt oder an einem sonnigen Tag auf Neuschnee schaut.

Die Eiskristalle in frischem Schnee sind klein, keilförmig und – selbst wenn es auf den ersten Blick nicht den Eindruck macht – ziemlich anders als die großen und rundlichen von Altschnee, die schon verschiedene Zyklen des Antauens und Wiedergefrierens durchlaufen haben. Wie viel Strahlung eine Schneedecke reflektiert, hängt davon ab, welchen Weg die winzigen Energie tragenden Lichtteilchen, die *Photonen*, zurücklegen: Je kürzer der Weg der Photonen durchs Eis, desto weniger Energie absorbiert der Schnee und desto mehr strahlt er zurück.

Wenn wir morgens aus unseren Zelten schlüpfen, ist der Schnee rund um unser Lager Gott sei Dank weniger grell, obwohl unsere Ansichten darüber auseinandergehen: Christine und Alison machen mich darauf aufmerksam, dass sie zwischen diesem und dem frischen Schnee, der wenige Tage zuvor gefallen ist, keinerlei Unterschied erkennen. Grönland macht es einem schwer, subjektive Wahrnehmung und Realität klar auseinanderzuhalten. Ich muss an die Aufkleber denken, die Amerikaner gerne an die Kotflügel ihrer protzigen Autos heften: «Glaub nicht, was dein Gehirn dir sagt.»

Der Ausspruch gefällt mir. Er verweist darauf, dass unser Denken stark von unserem Umfeld geprägt wird und wir uns immer wieder selbst infrage stellen müssen. Für Menschen wie mich und die übrigen Expeditionsteilnehmer, die an die (auch ungeschriebenen) Regeln der akademischen und wissenschaftlichen Welt gewöhnt sind, drückt er darüber hinaus noch eine speziellere Ermahnung aus: Betrachte Erkenntnisse niemals als dogmatische Paradigmen, sondern versuche immer, alles kritisch zu beleuchten. In der Forschung suchen wir nie nach absoluten und unumstößlichen Wahrheiten, sondern nach Hypothesen und Modellen, die einer Überprüfung standhalten.

Jedenfalls können hier in Grönland selbst solideste Gewissheiten ins Wanken geraten. Was wir sehen – und damit alles, was wir von der uns umgebenden Wirklichkeit wahrnehmen –, bildet womöglich gar nicht die Wirklichkeit ab, sondern nur das, was wir von ihr erfassen. Ein besonders deutliches Beispiel ist die Farbe von Eis.

Als ich von meiner ersten Expedition durch Grönland zurückkehrte, trat mir meine etwas jüngere Schwester Samantha entgegen, mit einem dieser Atlanten, die man früher in der Schule verwendet hat. Sie hatte ihn unter Erinnerungsstücken aus unserer Kindheit gefunden, die unsere Eltern in einem alten Schrank verwahrten, zusammen mit Büchern vom Gymnasium, Heften aus der Grundschule, Kritzeleien und vergilbten Papieren aus einer Zeit, an die ich mich noch lebhaft erinnere. Der alte Atlas stammte aus der Epoche, als die Sowjetunion noch existierte und die Europäische Union in ferner Zukunft lag. Samantha deutete auf die blütenweiße Darstellung der Insel auf der Karte und fragte mich unvermittelt, noch bevor ich meine Jacke abgelegt hatte: «Ist Grönland wirklich so weiß? Müsste es nicht dunkler sein?»

Die Frage war alles andere als naiv. Wir haben fast alle die Vorstellung, dass Eis und Schnee weiß sein müssten, aber dem ist nicht so. Jedenfalls nicht ganz. Zwar liegt Grönland im Winter unter einer Schneedecke, und Eis ist sicherlich «heller» als Wald oder Felsen, aber richtig weiß ist es deswegen trotzdem nicht.

Grönlands Farbe ist schon in seinem Namen enthalten. Die Bezeichnung *Kalaallit Nunaat,* «Land der Menschen» oder «Land der Kalaallit», also der indigenen Inuit in der westlichen Zone der Insel, ist mit der Zeit dem dänischen Wort *Grønland,* «grünes Land», gewichen. Diesen Namen – so einige historische Quellen und Legenden – verdankt die Insel dem berühmten Wikinger-Entdecker Erik Thorvaldsson. Erik «der Rote», wie er wegen der Farbe seiner dichten Haare und seines Barts genannt wurde, lebte um die erste Jahrtausendwende und ist der Held der berühmtesten mittelalterlichen isländischen Saga. Seine Geschichte kennt jeder, der sich auf Grönlands Eis wagt.

Sie beginnt damit, dass Eriks Vater Thorvald wegen Mordes aus Norwegen verbannt wird. Als Zehnjähriger muss der kleine Erik seine Heimat und seine Spielgefährten verlassen, um mit seiner Familie nach Hornstrandir überzusiedeln, ein Dorf im Nordwesten Islands. Doch wie der Vater, so der Sohn: Erwachsen geworden, tötet auch Erik einen Menschen. Im Jahr 982 wird er von den Isländern zu einer Verbannung von drei Jahren verurteilt, in denen sich die Streitigkeiten, Gewalttaten und Verurteilungen häufen – ebenso wie die Erzählungen über seine Großtaten. Um sie alle nachzuzeichnen, reichen selbst die langen arktischen Winternächte nicht aus. Von den zahlreichen Legenden, die sich um den «verbannten» Erik ranken, kreist eine auch um Grönlands Namensgebung.

Und die stellt fast schon eine Posse dar. Als Erik nach Urteilsspruch und Verbannung diese karge Insellandschaft vor sich sieht, wird ihm klar, dass ihm etwas einfallen muss, um Siedler auf den Eisschild zu locken. In einem Geniestreich, der eines modernen Marketing-Gurus würdig wäre, nennt er die Insel *«Grønland»*, «Grönland», also «grünes Land». Der Name sollte in den Ohren einfältiger Seeleute nach fruchtbarem Boden und reichen Ackererträgen klingen. Immer wenn ich an Erik denke, stelle ich mir ihn vor, wie er über den Einfall verschmitzt lächelt.

Auch wenn niemand mit Sicherheit sagen kann, was sich um die erste Jahrtausendwende im hohen Norden zugetragen hat, deuten andere historische Quellen darauf hin, dass Grönland ursprünglich «Gruntland» hieß. So ist es auf einigen alten Seekarten vermerkt. Das «Grün» in Grönland ginge demzufolge auf einen Übersetzungsfehler zurück: Das Wort *grunt* bedeutet nämlich «Boden», also nicht «grünes», sondern «von Boden bedecktes Land». Wie auch immer der Name entstand: Der Gedanke, dass Grönland eine «Farbe» (Grün? Weiß?) hat, regt viele Fantasien an. Die von Wissenschaftlern, Entdeckern und auch von Menschen wie Samantha.

Sich mit der wahren Farbe Grönlands zu befassen, ist keine historische Frage und auch keine geistige Übung oder ein reines Gedankenspiel für schlaflose Nächte im Eis. Und es geht auch nicht um Ästhetik. Vielmehr ist

Grönlands Farbe für das Schicksal unseres Planeten von grundlegender Bedeutung. Und das hat einmal mehr mit der Sonne zu tun: Deren Strahlungsenergie wird, je nach Material, von der Erdoberfläche unterschiedlich stark absorbiert (oder reflektiert). Wie bereits erwähnt, strahlt Neuschnee bis zu 90 Prozent dieser Energie zurück – weshalb er stärker blendet – und absorbiert von ihr folglich nur einen sehr geringen Anteil.

Frischer Schnee taut deswegen auch langsamer als älterer ab, weil der Schmelzprozess erst bei einer ausreichenden Aufnahme von Energie einsetzt, um Wasser vom festen (Eis) in den flüssigen Zustand zu überführen. Die Blätter eines Baumes sind beispielsweise dunkler als Schnee, reflektieren nur das grüne Licht (weswegen sie unseren Augen grün erscheinen), absorbieren das übrige und erwärmen sich also schneller. Wenn wir uns vorstellen, dass wir in der Wüste ein weißes und ein schwarzes Trikot zur Verfügung hätten – welches von beiden wir uns wohl überstreifen? Die Antwort liegt auf der Hand.

Der Schnee um mich herum erstrahlt in einem gelblichen Glanz. Wenigstens dies hat nichts mit der Erderwärmung, sondern mit meiner Sonnenbrille zu tun. Sie wurde eigens für diese Mission hergestellt und schützt meine Augen nicht nur durch getönte Gläser in meiner Stärke, sondern auch durch polsterndes Material, das das gesamte Gestell umgibt und sich perfekt an mein Gesicht anschmiegt. Auf diese Weise blockiert sie auch das Licht, das vom Schnee in alle Richtungen reflektiert wird und das mich ansonsten genauso blenden würde wie direktes Sonnenlicht. Wenn ich die Brille aufsetze, fühle ich mich, als würde ich in einen dieser italienischen Autobahntunnel hineinfahren, in dem einen dieses surreale orangefarbene Licht umhüllt.

Unterschiedliche Oberflächen auf der Erde reflektieren die Sonnenenergie auf jeweils einzigartige Weise. Daraus ergibt sich eine Art *spektraler Fingerabdruck*, der sich aus den jeweils reflektierten Wellenlängen des elektromagnetischen Spektrums zusammensetzt. So werfen zum Beispiel Objekte, die uns rot erscheinen, vor allem die Strahlung im Rotbereich zurück, während Schnee die sämtlicher Wellenlängen reflektiert. Die Kombination aller Farben nehmen unsere Augen als ein Weiß wahr.

Der spektrale Fingerabdruck verändert sich im Verlauf des Lebens eines Objekts, ungefähr so wie unsere Haarfarbe, die mit zunehmendem Alter ins Grau sticht, oder wie die Jahresringe eines Baumes, an dem sich dessen Alter und die zurückliegenden Wetterverhältnisse ablesen lassen. Für Eis und Schnee gilt das Gleiche: Frisch gefallener Schnee ist von dem aus dem Vorjahr gut unterscheidbar, wenn man seinen spektralen Fingerabdruck nimmt. Wir am Boden erfassen die gleichen Daten wie die Satelliten über unseren Köpfen im Orbit, und auch der Zweck ist der gleiche: Wir ermitteln die Beschaffenheit von Eis und Schnee anhand ihrer Spektraleigenschaften, anhand der Kurven, die jedes Material im Universum auf einzigartige Weise kennzeichnen.

Durch einen digitalen Zaubertrick, der die Wechselwirkung der Photonen mit dem Schnee in eine wissenschaftlich verwertbare Bildsprache übersetzt, zeigt die Grafik auf dem Bildschirm, die wir anhand unserer Daten erstellen, einen Punkt für jede Farbe, für jede Wellenlänge an. Wenn wir unsere Daten auf den Computer geladen haben, überprüfen wir, welche spektralen Fingerabdrücke (also welche Schneeverhältnisse) sich mit den Daten der Satelliten decken, um so eine Karte der Eigenschaften des Schnees und des Eises auf dem gewaltigen Grönländischen Eisschild zu erstellen. Zudem dienen unsere am Boden aufgenommenen Messungen dazu, die Daten der Satelliten zu «validieren», also deren Qualität zu überprüfen. Während sie mit einer Geschwindigkeit von über 20 000 Kilometern pro Stunde um den Globus jagen, schießen die Satelliten aus einer Höhe von rund 800 Kilometern Höhe Bilder von der Erdoberfläche. Ihre Aufnahmen funken sie anschließend an die Erdstationen, wo sie überprüft und anschließend Wissenschaftlern per Internet kostenlos zur Verfügung gestellt werden.

Seit 1996 ist Grönland in eine neue Phase eingetreten. Die *Albedo,* das Verhältnis zwischen reflektierter und einfallender Strahlung, hat seither immer stärker abgenommen. Allein das Eis absorbiert das Sonnenlicht zu 70 bis 80 Prozent. Demnach absorbiert der Grönländische Eisschild in dem Maß, in dem er unter der abschmelzenden Schneedecke zum Vorschein kommt, immer mehr Sonnenenergie und beschleunigt so sein eigenes Abschmelzen. Ich nenne dieses Phänomen den «Schmelz-Kannibalismus».

Er löst einen Rückkoppelungseffekt aus, bei dem sich das Eis gleichsam selbst auffrisst: Das Eis, das dunkler als der Schnee ist, nimmt desto mehr Sonnenlicht auf, je mehr von der Schneedecke wegtaut, und beschleunigt dadurch das eigene Abschmelzen, das auch noch von den steigenden Temperaturen beschleunigt wird. Dieser Prozess hat sich in jüngerer Zeit intensiviert: Da der frühjahrsbedingte Temperaturanstieg schon früher eingesetzt hat, kam auch der Zyklus der Schneeschmelze vorzeitig in Gang und begünstigte so einen weiteren Schwund der Schneedecke. Der Eispanzer war schon früher als gewöhnlich der Sonnenstrahlung ausgesetzt, weshalb der Eisschwund im Vergleich zur Vergangenheit gewaltiger ausgefallen ist.

Grönlands «Farbe» wird durch einen weiteren Faktor beeinflusst, nämlich durch Feinstäube und Ruß, die ständig vom Wind herangetragen werden und sich durch Niederschläge auf der Oberfläche des Schnees ablagern. Die Partikel gehen auf ganz unterschiedliche und weitläufig verstreute Quellen zurück: Staub aus der Wüste Gobi ist genauso darunter wie Asche aus Vulkanausbrüchen oder von Waldbränden in Nordsibirien oder auch Meteoritengeröll. Das abfließende Schmelzwasser des Schnees verteilt einen Teil dieser Partikel, während ein anderer auf der Oberfläche des Eises liegen bleibt. Je stärker Eis abschmilzt, desto mehr eingelagerte Partikel sammeln sich an der Oberfläche an und färben es immer dunkler ein. Es ist wie mit freiliegendem Eis: Das immer schnellere Abschmelzen verstärkt die Konzentration dunkler Partikel auf der Oberfläche, die ihrerseits – wie in einem Teufelskreis – den Schmelzprozess zusätzlich anheizen. Staub und Ruß absorbieren mehr Sonnenenergie als Schneeflocken – ein weiteres Beispiel eines glazialen Rückkoppelungseffekts.

Christine und Alison waren verblüfft, weil sie zwischen Neu- und Altschnee keinen Unterschied erkennen konnten. Das Geheimnis liegt hier in den Schneekristallen, die mit jedem Zyklus aus Abtauen und erneutem Gefrieren größer werden. Taut Schnee an, wirkt das flüssige Wasser wie ein Kitt zwischen den Kristallen. Sie «verkleben» dank der dünnen Schicht des Wassers, das bei Minustemperaturen wieder zu Eis erstarrt. Dieser Prozess verändert die Fähigkeit des Schnees, Sonnenstrahlung zu absorbieren: Je größer die Eiskörnchen werden, desto größer die Absorption. Auch dies geschieht in einer Rückkoppelung, aber mit einem Unterschied: Obwohl der Schnee mehr Energie aufnimmt, sieht er für unsere Augen fast immer noch gleich aus. Denn diese Veränderung erfolgt nicht in dem Spektralbereich des Lichts, der für das menschliche Auge sichtbar ist. Betroffen ist vielmehr der *Nahinfrarotbereich*, wie er fachsprachlich heißt. «Glaub nicht, was dein Gehirn dir sagt.»

Wir treten ins Licht hinaus, um unsere tägliche Aufgabe zu erledigen: Daten sammeln. Bewaffnet mit dem *Spektrometer*, einem Spezialinstrument, das gewissermaßen unsere Sinne erweitert und uns Dinge zeigt, die wir sonst nicht sehen könnten, machen wir uns auf den Weg zum Ort unserer Untersuchung. Unterwegs fällt mir Samantha mit ihrer Frage zur Farbe von Grönland wieder ein. Obwohl man die Insel für eine uferlose Einöde aus gleißendem weißem Schnee halten könnte, sorgen die Partikel auf seiner Oberfläche, die vergrößerten Schneekristalle und freiliegendes Eis für eine «dunklere» Färbung, auch wenn wir die Veränderung mit unseren Augen fast nicht bemerken.

Im Sommer, wenn die allgegenwärtige arktische Sonne den Eisschild rund um die Uhr anstrahlt, beschleunigt diese Eindunkelung das Abtauen der Eisflächen. Angesichts der oben erwähnten Rückkoppelungseffekte liegt die Schlussfolgerung auf der Hand: Wenn die Temperaturen in der Arktis weiter so ansteigen, wie es die Projektionen der Wissenschaftler vorhersagen, wird das Eis in den nächsten Jahrzehnten immer schneller und schneller abschmelzen.

Tatsächlich steigen die Temperaturen in der Arktis doppelt so rasch wie im Durchschnitt auf dem Planeten und verwandeln diese Eiskappe – die einstige Tiefkühltruhe der Erde – in einen vollgesogenen gigantischen Schwamm, der sein Wasser nicht mehr halten kann und es in den Ozean entlässt. In der Arktis machen mitunter schon wenige Grade einen gewaltigen Unterschied. Während in der Wüste oder in der Stadt ein zusätzliches Grad wenig zu verändern scheint, stellt es hier das gesamte System auf den Kopf: Was fest und gefroren war, schmilzt und fließt davon. Wenn in Grönland die Gletscher abtauen, der gefrorene Boden weich wird und das Meereis verschwindet, verändern sich nicht nur Flora und Fauna vor Ort, sondern ganze Ökosysteme in unseren Ozeanen. Ich erreiche unsere Messstelle mit dem Gedanken daran, wie wertvoll unsere Daten sind: Der Planet insgesamt steht auf dem Spiel.

4. DIE VERGESSENEN HELDEN DES EISES

«Das ist einfach nicht in Ordnung, wirklich nicht», murmle ich immer noch in mich hinein, als mich Ian buchstäblich aus dem Tagtraum weckt, in den ich für einen Augenblick versunken war. Ich habe im Stehen geträumt. Die Strapazen in diesen Breiten machen uns schwer zu schaffen. Kaum rasten wir für wenige Minuten, tauche ich in einen Dämmerschlaf ab.

Beim Weitermarsch geht Ian neben mir her. Wir sind beide ungefähr gleich alt, beide geschieden und haben Kinder, die fast schon Jugendliche sind. Irgendwie verstehen wir uns auch ohne Worte. In Augenblicken wie diesen ist es so, als könnte ich ihn an Gefühlen teilhaben lassen, die mir selbst noch gar nicht bewusst waren, Empfindungen, die in meiner Seelenlandschaft wie Nunataks auftauchen, diese Berggipfel, die einst unter Eis begraben lagen und nun über den weißen Weiten um uns herum aufragen. Hier in Grönland denke ich häufiger als sonst an meine Töchter, die sich später einmal in einer von Männern dominierten Gesellschaft behaupten müssen. Ich frage mich, was ich tun kann, um ihnen nahe zu sein, ihnen dabei zu helfen, ihre Träume zu verwirklichen, ihnen Mut machen, um im Leben voranzukommen.

Was ist eigentlich Mut? Woran bemisst er sich? Auf der Grundlage welcher Werte? Nach welchen Maßstäben? Wie wichtig sind ökonomische Chancen und die soziale Herkunft? Meine Gedanken kreisen um die unbekannte Seite der Geschichte der Polarerkundung, deren Hauptfiguren nicht die berühmten norwegischen Entdecker waren, sondern andere, die im Dunkeln blieben: Angehörige von Minderheiten, die häufig selbst in den Chroniken der großen Entdeckungen vergessen werden.

Einer davon ist Matthew Alexander Henson, sicherlich eine der faszinierendsten Persönlichkeiten, die sich in die Arktis wagten. Henson kam vor eineinhalb Jahrhunderten (am 8. August 1866) in Nanjemoy in Maryland zur Welt, als Sohn afroamerikanischer Farmer, die kurz vor dem Bürgerkrieg aus der Sklaverei freigekommen waren. Obwohl amtlich in Freiheit lebend, litten Hensons Eltern, wie damals gang und gäbe, unter Übergriffen durch den Ku-Klux-Klan und andere rassistische Gruppen, die die afroamerikanischen Minderheiten nach dem Ende des Konflikts terrorisierten. Um den Verfolgungen zu entgehen, siedelte die Familie nach Georgetown über. Dieses heute so attraktive Wohnviertel in Washington D. C. war damals nur eine Kleinstadt außerhalb von Maryland. Der spätere Entdecker war zu dieser Zeit erst drei Jahre alt.

Henson verlor früh seine Mutter, und nachdem auch noch sein Vater gestorben war, zog er zu einem Onkel nach

Washington. Der nahm den jungen Matthew in Obhut und bezahlte seine Ausbildung. Wie von einem Fluch verfolgt, verlor Henson vorzeitig auch ihn und musste mit elf Jahren auf eigenen Beinen stehen.

Mit zehn Jahren hatte Matthew ein Ereignis miterlebt, das sein Leben zutiefst prägte: Er wohnte einem Festakt zu Ehren Abraham Lincolns bei, des US-Präsidenten, der nicht nur den Kampf um die Einheit des Landes angeführt, sondern auch die Sklaven in den konföderierten Südstaaten befreit hatte. Er war tief beeindruckt von der Ansprache von Frederick Douglass, einem renommierten Redner und altgedienten Führer in der Gemeinschaft der Afroamerikaner, und vor allem von seinem Aufruf an die Zuhörer, jede sich bietende Chance zur Bildung zu nutzen und rassistischen Vorurteilen mit aller Kraft entgegenzutreten.

Mit zwölf Jahren reiste Matthew so nach Baltimore in Maryland. Sein neues Leben begann im Hafen der Stadt, von dem aus er als «Kabinenjunge», eine Art Dienstbote, auf dem Handelsschiff *Katie Hines* in See stach. Seine lange Reise führte bis in ferne Regionen, die bislang außerhalb seines Vorstellungsvermögens gelegen hatten, so nach China, Japan und Afrika, aber vor allem auch in die Gewässer der Arktis. In dieser letzten Phase auf See nahm ihn der Schiffskapitän, ein Mann namens Childs, unter die Fittiche und brachte ihm Lesen und Schreiben bei. 1884 starb Childs. Matthew kehrte mit achtzehn Jahren nach Washington zurück und fand dort eine Anstellung in einem Hutgeschäft.

Und eben hier begegnete er – 1887 – Robert Edwin Peary. Dieser Entdeckungsreisende war von den seemännischen Referenzen des jungen Mannes so beeindruckt, dass er ihn als seinen Diener für eine Expedition nach Nicaragua anheuerte. Nach der Rückkehr beschaffte Peary Henson eine Arbeitsstelle in Philadelphia. Dort heiratete dieser im April 1891 Eva Flint. Aber die Sehnsucht nach dem Meer war so unbezwingbar, dass Henson sich kurz darauf Peary erneut anschloss, um an einer ehrgeizigen Expedition teilzunehmen: diesmal in Richtung Grönland.

Die Reise wurde zur Offenbarung. Sie trieb Henson dazu an, sich eingehend mit der Kultur der örtlichen Eskimos auseinanderzusetzen und ihre Sprache sowie ihre Überlebenstechniken im Eis zu erlernen. 1893 fuhr Henson erneut nach Grönland, diesmal mit dem Ziel, die gesamte Polkappe zu überqueren und zu kartieren. Die lange und komplizierte Reise dauerte rund zwei Jahre, in denen die Mitglieder von Pearys Mannschaft gezwungen waren, sich vom Fleisch ihrer Schlittenhunde zu ernähren. Ein Einziger blieb verschont.

Trotz der schlimmen Erfahrungen waren Pearys und Hensons Tatkraft und Ausdauer ungebrochen, sodass es beide 1896 und 1897 wieder nach Grönland zog. Das Ziel dieser neuerlichen Missionen bestand darin, die Überreste von drei großen Meteoriten zu bergen, von denen sie während der vorangegangenen Reise Kenntnis erlangt hatten, darunter auch den größten jemals aufgefundenen mit einem Gewicht von rund 34 Tonnen. Sie wurden später an das American Museum of Natural History verkauft (wie

sich Peary die Stücke beschafft hatte, haben wir gesehen!).
Der gesamte Erlös diente zur Finanzierung weiterer Expeditionen.

Im Jahr 1897 wurde Henson von Eva geschieden, auch wegen seiner häufigen und langen Abwesenheiten. 1902 unternahm er mit Peary den ersten Versuch, den Nordpol zu erreichen. Das Unternehmen endete bekanntlich mit dem tragischen Tod von sechs Inuit, die als Begleiter der Expedition an Hunger und Erschöpfung starben. Beim nachfolgenden Versuch 1905, unterstützt von Präsident Theodore Roosevelt persönlich, schaffte es die Gruppe, sich dem Nordpol bis auf rund 500 Kilometer anzunähern. Aber das dicke Meereis, das heute mit beachtlicher Geschwindigkeit dahinschmilzt und eine problemlose Durchquerung der Nordostpassage ermöglicht, zwang sie leider zur Umkehr. Derweil bekam eine Inuit-Frau von Henson ein Kind, seinen Sohn Anauakaq. Das hinderte ihn nach der Rückkehr nicht daran, Lucy Ross als seine zweite Frau zu heiraten.

Der letzte Versuch der Mannschaft, den Nordpol zu erreichen, startete 1908. Henson erwies sich als große Hilfe. Er baute Schlitten und bildete die übrigen Mitglieder der Besatzung aus, die seine Arktiserfahrung auf einer Stufe mit Peary anerkannten. Am Ende erreichten der dreiundvierzigjährige Henson, Peary, vier Eskimos und vierzig Hunde am 6. April 1909 den Nordpol, oder zumindest gaben sie dies bekannt.

Der Aufwand für diese Großtat war allen ersichtlich: Die Expedition war mit vierundzwanzig Mann, neunzehn

Schlitten und hundertdreiunddreißig Hunden gestartet! Peary war bewusst, dass der Erfolg der Mission in hohem Maße von seinem vertrauten Gefährten abgehangen hatte, und erklärte öffentlich, dass er es ohne ihn niemals geschafft hätte. Der Wahrheit halber ist freilich daran zu erinnern, dass der Erfolg von Pearys und Hensons Expedition von 1909 bis heute umstritten ist. Manche meinen, sie hätten ihre Route falsch berechnet und sich nur am Nordpol gewähnt, während andere unterstellen, Peary habe bewusst die Unwahrheit gesagt. Und obendrein behauptete Frederick Albert Cook, er habe den Nordpol schon ein Jahr vor ihnen erreicht.

Nach ihrer Rückkehr wurde Peary mit Ehrungen überhäuft, während Henson – wegen seiner Hautfarbe – weitgehend unbeachtet blieb und die nächsten drei Jahrzehnte als Angestellter in einer US-Zollstelle in New York arbeitete, sein Leben als Entdecker aber nie vergaß. Obwohl er schon 1912 seine Memoiren unter dem Titel *A Negro Explorer at the North Pole* veröffentlichte, wurde ihm erst mit über siebzig Jahren die verdiente Anerkennung zuteil: 1937 wurde er als Ehrenmitglied – und als erster Afroamerikaner überhaupt – in den New Yorker Explorers Club aufgenommen. Im gleichen Jahr bekam er dann noch die Peary Polar Expedition Medal verliehen. Und 1944 erhielt er mit den übrigen Mitgliedern der Expedition schließlich auch die Medaille des Kongresses.

Ian und ich haben beide heranwachsende Töchter. Wir diskutieren häufig über ihre Zukunft und vor allem darüber, dass es unsere Gesellschaft und insbesondere unser

Berufsstand trotz mancher Fortschritte Frauen nicht eben leicht machen, im Gegenteil. Wir haben mehrfach über die Rolle des weiblichen Geschlechts bei der Erkundung der Arktis und der Antarktis und darüber diskutiert, wie schwierig es für die ersten Pionierinnen gewesen sein muss, sich auf diesem Gebiet zu behaupten. Nicht zufällig waren viele der ersten Frauen, die in die Antarktis reisten, Gattinnen von Polarforschern. Und diejenigen, die auf Missionen zum großen Eiskontinent wichtigere Aufgaben übernehmen wollten, stießen auf Vorurteile und bürokratische Hindernisse. Wegen der vorherrschenden patriarchalischen Kultur zogen auch Frauen, die für Polarexpeditionen bestens geeignet gewesen wären, Männern gegenüber meistens den Kürzeren.

Zu Beginn ihrer Erkundung galt die Antarktika bei vielen Männern tatsächlich als eine Region, an die man im Gewand des heldenhaften Eroberers herangehen musste. Und so taucht dieser weiße Kontinent in einschlägigen Tagebüchern denn auch als «Jungfrau» oder ein «riesiger Frauenkörper» auf, der mit Manneskraft zu unterwerfen sei. Frauen dienten nur als Namensgeberinnen für die nach und nach entdeckten Orte oder, im Extremfall, zum *Gebären* im Eis. So abstrus es klingen mag, noch vor dreißig oder vierzig Jahren riefen verschiedene Regierungen Frauen dazu auf, ein Kind im Eis zur Welt zu bringen, um Souveränitätsansprüche auf dieses Territorium zu erheben, das keinem Staat gehört und aufgrund eines Vertrags der internationalen Zusammenarbeit nur einigen Ländern «zur Verwaltung» übertragen wurde. Dem Aufruf folgte unter anderem die Argentinierin Silvia Morella de Palma, die am 7. Januar 1978 nahe der argentinischen Basis Esperanza mit Emilio, einem Säugling von dreieinhalb Kilogramm Gewicht, niederkam.

Ian erinnert mich an einen Mitte der Neunzigerjahre erschienenen Artikel, der mit Zahlen belegt, dass Frauen die Extrembedingungen in der Antarktis besser als Männer verkraften. Ich speichere diese Information im Kopf ab für eine Zeit, in der ich sie meinen Töchtern mit auf den Weg geben kann. In unserer weiteren Diskussion reden wir über die «Heldinnen» der Antarktiserkundung. Als erste Frau der westlichen Welt erreichte Louise Seguin 1773 auf der *Roland* die antarktische Region. Unklar ist, ob sie als Kurtisane oder verkleidet als Schiffsjunge an Bord gekommen war. Andere sehen die erste Antarktisbesucherin in Jeanne Baret, einer französischen Botanikerin und Erkundungsreisenden, die zu Forschungszwecken in diese polaren Gewässer segelte, nachdem sie, ohne es zu wissen, als erste Frau die Welt umrundet hatte.

Dagegen soll Caroline Mikkelsen 1935 den antarktischen Kontinent als erste Frau *betreten* haben. Dies wurde jedenfalls lange Zeit geglaubt. In Dänemark geboren, hatte sie Kapitän Klarius Mikkelsen geheiratet und war zu ihm nach Norwegen übergesiedelt. Den südlichsten Kontinent soll sie mit ihm auf einer Versorgungsmission unter seiner Leitung erreicht haben. Aber schon damals war unklar, ob sie tatsächlich bis zur Antarktika oder nur bis zu einer umliegenden Insel vorgestoßen war. Erst nach ihrem Tod 1998, Anfang des neuen Jahrtausends, veröffentlichten mehrere Wissenschaftler die Ergebnisse jüngerer Forschungen. Sie zeigten, dass es Caroline tatsächlich nicht bis aufs Festland, sondern nur auf eine Insel wenige Kilometer vor der Küste geschafft hatte. Ich stelle mir ihre große Frustration vor: einem Ziel so nahe gekommen zu sein, aber es eben um Haaresbreite verfehlt zu haben.

Zur Verdeutlichung einige Zahlen: Die Antarktika und Europa sind rund 10 000 Kilometer voneinander entfernt. Damit stellen die 5 Kilometer, die Caroline fehlten, um den Südkontinent zu erreichen, nur 0,033 Prozent der Gesamtstrecke dar. Dieses Ziel um 5 Kilometer zu verfehlen, ist ungefähr so, als habe man jahrelang auf einen Urlaub gespart, und am Ende platzt alles, weil zur notwendigen Gesamtsumme von 1000 Euro nur noch 33 Cent fehlen. Damit ging der Titel der ersten Frau, die den antarktischen Kontinent betrat, an Ingrid Christensen. Diese Norwegerin, Tochter eines der bedeutendsten europäischen Walfangunternehmer, war mit ihrer Unerschrockenheit, ihrem Charisma und ihrem selbständigen Wesen Vorbild für die Frauen ihrer Zeit.

Ingrid war 1936 und 1937 auf ihrer vierten und letzten Reise in den Süden unterwegs, in Begleitung von drei weiteren Frauen, darunter ihrer Tochter Augusta Sofie Christensen. Ingrid überflog das Festland und war damit die erste Frau, die sich die Antarktika von oben angeschaut hat. Für den 30. Januar 1937 vermerkt das Tagebuch ihres Ehemanns Lars Christensen, seine Frau sei in Scullin-Monolith gelandet, einer Felsformation, die sich ins antarktische Meer erstreckt. Damit war sie die Erste, die einen Fuß auf antarktischen Boden setzte.

Die anderen haben ein Stück weit zu uns aufgeschlossen, und Ian macht sich zu ihnen auf den Weg. Ich halte mich weiter abseits, möchte noch ein wenig für mich sein. Dies hilft mir, mich auf die vor uns liegenden Aufgaben zu konzentrieren. Im Kopf gehe ich nochmals alles durch, worauf wir achten und was wir vermeiden müssen, diese Kleinigkeiten, die unser ganzes Unternehmen scheitern lassen können. Dann kehre ich in Gedanken zu den Frauen in der Antarktis und zu meinen Töchtern zurück, zu den zahlreichen Gelegenheiten, zu denen ich mir gewünscht habe, diese Gefühle und Erfahrungen mit ihnen zu teilen, jetzt und in Zukunft. Ich stelle mir vor, wie ich hier an diesem Ort mit ihnen rede, obwohl sie noch zu jung sind.

Schließlich denke ich wieder an den Brief, den ich ihnen vor nicht allzu langer Zeit bei der Arbeit am Rand des Eisschilds geschrieben habe. Ich trage ihn immer bei mir. Es ist eine Fotokopie, um das Originalblatt, das ich aus meinem Notizblock für die wissenschaftlichen Aufzeichnungen herausgerissen habe, zu schonen. Bevor ich mich den anderen anschließe, lese ich ihn nochmals durch. Das spendet mir Kraft und wärmenden Trost.

Allerliebste Olivia und Francesca,

während ich das majestätische Eis Grönlands betrachte, finde ich in mir die Ruhe und Harmonie, um euch diese wenigen Worte zu schreiben. Alles ist reicher, alles wunder-

bar, seitdem ihr auf die Welt gekommen seid. Eines Tages, so hoffe ich, können wir darüber reden, was dazu geführt hat, dass wir getrennt leben, über die Gründe und Ursachen. Aber das hat keine Eile. Ich bin sicher, dass uns das Leben dazu noch Gelegenheit gibt. Für mich ist es schwierig, tagaus, tagein ohne den Klang eurer Gegenwart, eure Laute und Farben zu leben. Ich stelle mir vor, dass es für euch noch schwieriger ist ...

Seid frei! Erfreut euch eures Lebens, pflegt die Liebe, Freundschaften, kümmert euch um die Schönheit in euch und um euch herum ... Wachst in jede Richtung. Geht in und außerhalb von euch selbst auf Erkundungsreise. Erfindet die Werkzeuge, mit denen ihr da graben könnt, wo noch niemand gegraben hat. Respektiert die Entscheidungen der anderen, aber habt keine Angst, eure Meinung zu sagen. Akzeptiert das Leben, wie es kommt, wenn Änderung nicht möglich ist, im Vertrauen darauf, dass die Zeit die Dinge ändert. Im Grunde verkörpert ihr ja die Zeit.

Das Rauschen des Wassers, das mich beim Schreiben begleitet, lässt mich an den Zyklus des Lebens denken. Ich denke an eure Leben, an die Zukunft, die euch erwartet, und daran, wie glücklich ich mich schätze, Zeuge zu sein, wie euer Leben verläuft. Meine Liebe zu euch gleicht einem Eis, das so dick ist, dass niemand es abschmelzen kann.

M.

5. DER GROSSE ARKTISCHE BRUDER

Einige Stunden später gelangen wir zu der Stelle, an der wir unsere ersten Messungen vornehmen. Wir streifen Gurte und Rucksäcke ab. Aber wir halten uns nicht lange an derselben Stelle auf, sondern gehen mit dem Spektrometer einen Punkt nach dem anderen ab, um jeweils den spektralen Fingerabdruck des Eises aufzunehmen, über das wir uns bewegen. Das Spektrometer ermittelt hochpräzise die Intensität des Lichts, das der Schnee in jeder Wellenlänge reflektiert. Das Gerät ist ein Wunder der Technik: Das Licht wird durch ein Glasfaserkabel ins Innere in ein System aus Spiegeln und Filtern geleitet, dort zurückgeworfen und in seine farblichen Komponenten (oder Wellenlängen) zerlegt. Per Bluetooth werden die Messdaten auf einen Laptop in der Nähe überspielt. Wer die Messungen durchführt, trägt das Spektrometer auf dem Rücken, in einem kleinen kompakten, aber schweren Spezialrucksack, aus dem unten ein ungefähr ein Meter langes Glasfaserkabel heraushängt, an das eine etwa gleich lange Stange anschließt. An deren Ende sitzt in einem rechten Winkel der Sensor, der das Licht aufnimmt.

Obwohl eher unhandlich, ermöglicht es diese Konstruktion, mit ihr «herumzuspazieren» und Messungen an mehreren Punkten vorzunehmen, um den Bereich unserer Bodendaten zu erweitern und so nachzuvollziehen, was hier in Grönland geschieht.

Die Vorgehensweise ist genau festgelegt: Das Instrument muss lange vor den eigentlichen Messvorgängen eingeschaltet werden, damit es Zeit hat, sich «aufzuwärmen». Nur dann ist nämlich sichergestellt, dass die geringfügigen Veränderungen, die in den elektronischen Komponenten beim Einschalten aufgrund der Temperaturveränderung auftreten, unsere Daten nicht verfälschen. Auch ist sehr sorgfältig darauf zu achten, dass das Glasfaserkabel nicht über einen bestimmten Winkel hinaus verbogen wird, weil sonst die «Lichtautobahn» im Inneren unterbrochen wird oder das Kabel sogar abknickt. Nach dem Einschalten erfolgt das «Einkleiden»: Der Träger packt sich das Gerät auf den Rücken. Dazu ist mindestens eine weitere Person erforderlich – ähnlich wie bei Astronauten, die sich für einen Weltraumspaziergang rüsten.

Patrick ist unser «Astronaut». Er richtet den Sensor zunächst über seinen Kopf in den Himmel, um die Sonnenstrahlung zu messen, die auf der Oberfläche auftrifft. Dabei richtet er mithilfe der digitalen Wasserwaage die Stange waagrecht aus. Dann drückt er den Einschaltknopf für die Messung, woraufhin das Gerät einen Signalton abgibt, ähnlich wie ein Mobiltelefon, wenn eine Nachricht eingetroffen ist – für uns die Bestätigung, dass die Datenaufnahme erfolgt ist. Dann richtet Patrick den Sensor an der Stange mit ausgestrecktem Arm nach unten auf das Eis. Ein erneuter Knopfdruck, ein weiterer Ton, und die erste Messung ist erfolgt. Wir schreiten einen bis zwei Meter weiter, messen am nächsten Punkt erneut und arbeiten uns so über geraume Zeit voran, um eine möglichst große Fläche abzudecken: Um genaue Daten zu bekommen, müssen die Messungen erfolgen, solange die Sonne möglichst hoch über dem Horizont steht. Ab der ersten Messung bleiben uns dafür noch ein bis zwei Stunden. Wir müssen präzise und schnell vorgehen, was aber immer schwieriger wird, wenn sich die Kälte und Müdigkeit bemerkbar machen.

Erst viel später, nach der Rückkehr nach New York und der Auswertung der Daten im Labor, werden wir erfahren, ob das Experiment erfolgreich war. Dieser Teil der Aufgabe kann frustrierend sein, aber ich empfinde ihn mitunter auch als besonders spannend. Die Arbeit erfordert Entschlossenheit, Ausdauer, Kreativität und Einfallsreichtum, ganz zu schweigen von stählernen Nerven und einem guten Reaktionsvermögen, wenn irgendein Zwischenfall unsere monate-, zuweilen jahrelangen Vorbereitungen für diese Mission zunichtezumachen droht. Kurzum, sie erfordert alle Eigenschaften, die notwendig sind, um Lösungen für bislang noch nicht aufgetauchte oder nicht einmal erwartbare Probleme zu finden, und zwar mit den spärlichen Mitteln, die auf dem Eis verfügbar sind.

Daran denke ich jedes Mal, wenn ich mir die Grafiken in einem Fachartikel anschaue, den ich allein oder mit Kollegen veröffentlicht habe: Hinter jedem dieser Punkte steckt eine gewaltige Menge Arbeit: monatelange Vorbereitungen, oft jahrelanges Rätselraten und Planen, zahllose Vorgespräche und Diskussionen, Gedanken und Überlegungen. Und dies alles nur, um am Ende einen Punkt in eine Grafik einzuzeichnen. Es erinnert irgendwie an die Kontraktionsphase des Universums, wenn sich nach dem explosionsartigen Auftauchen der Idee und deren Überprüfung alles in einem kleinen Punkt konzentriert. Dieser Punkt steckt, zusammengeführt mit den anderen, die Zahlenlandschaft des Gebietes ab, das wir durchquert und vermessen haben.

Bei Arbeiten, die wir in einem Juni im Zentrum Grönlands auf rund 2000 Metern Höhe durchführten, kam es zu einem Zwischenfall. Mitten in einem Schneegestöber, das unvermittelt über uns hereingebrochen war, gab unser Dampfbohrer mit einem lauten Zischen plötzlich den Geist auf. Das Gerät dient dazu, zylindrische Löcher von einigen Zentimetern Durchmesser bis in eine Tiefe von zwei Metern ins Eis zu schmelzen, um die Aluminiumstangen hineinzustecken, an die wir unsere Instrumente montieren. Der Schlauch, der den Dampf zur Düse am Ende einer mehrere Meter langen Stange führt, hatte kleine Risse bekommen. Mithilfe von Isolierband und einem Satz Muttern und Schrauben, die ich zufällig in der Tasche hatte, konnten wir das Gerät instand setzen. (Auf Mission an entlegenen Orten wie diesem weiß man nie so genau, auf was man in seinen Taschen stößt. Man sollte möglichst alles und manchmal auch eine alte Schraube aufheben, weil sie über den Erfolg oder das Scheitern eines Experimentes entscheiden könnte.) Hilfreich war auch eine Rolle Schnur, die einer von uns mitgebracht hatte, um sie sich zum Zeitvertreib um die Finger zu wickeln. Kaum zu glauben: Ein primitives Spielzeug hat ein Millionen Dollar teures Unternehmen gerettet.

Als wir mit den Messungen fertig sind, machen wir Rast zum Essen. Endlich. Wir sind seit dem Morgen unterwegs, der Magen knurrt. Im grönländischen Eis bin ich stets hungriger als sonst. Mit meiner Statur – ich bin eher schmächtig – muss ich mir, um warm zu bleiben, ständig Kalorien zuführen. Und um mein Gehirn zu versorgen, das auf solchen Missionen immer hyperaktiv ist und rastlos Energie verbraucht.

Den Luxus einer langen Pause können wir uns nicht leisten, nicht einmal den, uns zu einem leckeren Mahl an einen Tisch zu setzen. Als Stühle dienen uns die Eishöcker um uns herum, als Tafel der Eisboden mit einer Mehrzweckmatte als Tischtuch. Das Mittagessen haben wir am Morgen vorbereitet; es besteht aus warmer Suppe, einem Sandwich und einem Riegel Schokolade. Und natürlich Kaffee, viel Kaffee. In Thermobehältern haben wir heißes Wasser mitgebracht. Wir holen die Tütensuppen heraus. Sie tragen verschiedene Namen und haben unterschiedliche Aromen, schmecken in Wahrheit allerdings alle ziemlich gleich.

Unsere Mahlzeiten sind fast schon ein Ritual. Wir müssen den Inhalt der Tüten möglichst schnell in das dampfende Wasser schütten, damit wir keine kalte und obendrein klumpige Suppe bekommen. Wir schrauben die Deckel der Thermobehälter zu und warten, bis sich das Pulver aufgelöst hat. Derweil diskutiere ich mit den anderen über die Schwierigkeit, Daten am Boden zu sammeln, und jemand weist auf die gewaltigen Fortschritte auf diesem Gebiet hin.

Zu meiner Doktorandenzeit – Ende der Neunzigerjahre – waren Begriffe wie *Petabyte* und *Gigabyte* erst wenigen Experten vertraut. Ein Petabyte entspricht einer Billiarde Bytes, wobei ein Byte bekanntlich die Grundeinheit für die Speicherkapazität eines Rechners oder für die Größe einer Datei ist. Um eine Vorstellung von der Größenordnung zu geben: Eine Textnachricht von einem Mobiltelefon (SMS) entspricht ungefähr 140 Bytes, also lassen sich aus einem Petabyte gut 7 Billionen Milliarden SMS erstellen. Mit heutiger Technik können wir auf unsere Computer Daten mit Geschwindigkeiten herunterladen, die einst unvorstellbar waren (und das Tempo wird in den nächsten Jahren noch deutlich steigen). Als ich meine ersten Erfahrungen bei der NASA sammelte, bestellten wir noch stapelweise Disketten, die uns in riesigen Boxen zugestellt wurden und die wir in durchwachten Nächten einzeln auf die Computer überspielten. Heute mutet das vorsintflutlich an. Der Internet-Boom und die Multimediatechniken haben alles revolutioniert: Daten werden fast in Echtzeit generiert, ausgetauscht und angezeigt. Die sogenannte *Big Data Revolution,* die mit Smartphones, Laptops, Smart-TVs und dergleichen jeden Aspekt unseres Lebens durchdringt, hat auch und vor allem die Forschung verändert.

Das Mittagessen müsste fertig sein. Wir öffnen die Thermobehälter und machen uns über die Suppe her. Obwohl nicht so heiß wie erwartet, stärkt sie uns schon beim ersten Schluck. Unser Gespräch kreist immer noch über Daten. Forscher an der University of California haben zu beziffern versucht, welche Datenmenge die Menschheit produziert und wie sich diese fassbar ausdrücken oder veranschaulichen lässt. Zunächst die Zahlen: Weltweit werden jedes Jahr Daten in einem Volumen von rund 10 Zettabytes, also einer Trillion Gigabytes, verarbeitet. Eine schwindelerregende Menge. Um eine Vorstellung davon zu bekommen, denke man an unsere Heimatgalaxie, die Milchstraße, die «nur» 250 Milliarden Sterne umfasst. Um eine Anzahl wie die der alljährlich verarbeiteten Bytes zu erreichen, bräuchten wir also 4 Milliarden solcher Galaxien. Und noch etwas haben die kalifornischen Kollegen berechnet: Sämtliche Mobiltelefone, Laptops und Computer, die benötigt werden, um die täglich generierten Milliarden und Abermilliarden Daten abzuspeichern, sind jeweils zusammengenommen so schwer wie rund 800 Flugzeugträger (Mobiltelefone), rund 250 000 Flugzeuge (Laptops) und rund 900 000 Freiheitsstatuen (nicht mobile Rechner). Dagegen ist das Volumen der Daten, die wir in Grönland sammeln, lächerlich gering: gerade einmal wenige Gigabytes. Aber auch Kleinvieh macht Mist. Und die genannten Zahlen werden wahrscheinlich immer weiter steigen.

Ein Teil dieser ständig wachsenden Masse an Daten stammt natürlich von Satelliten, technologischen Meisterwerken, die gleich hochgerüsteten Rittern laufend unseren Planeten überwachen und entscheidende Verbündete dabei sind, die auf ihm ablaufenden Prozesse nachzuvollziehen. Sie umkreisen in einer Höhe von Hunderten von Kilometern unseren Erdball und bewegen sich mit rund 30 000 Stundenkilometern (der zwanzigfachen Schallgeschwindigkeit) durch den Orbit. Dabei spähen sie einfach alles aus, nehmen wahr, was unseren Augen verborgen bleibt, und entlocken den Wolken, dem Schnee, dem Eis, den Bäumen und allem, was darunter liegt, ihre Geheimnisse.

Laut Schätzungen umkreisen derzeit rund 5000 künstliche Satelliten unsere Erde, von denen nur rund 40 Prozent noch in Betrieb sind. 3000 drehen ihre Runden also schlichtweg als Weltraumschrott. Tatsächlich stellen sie ein ernsthaftes Problem dar, weil sie früher oder später abstürzen und Gebäude beschädigen oder Menschen erschlagen könnten, ganz zu schweigen davon, dass die «Verschmutzung» durch ausgediente Satelliten den Start von neuen beeinträchtigen und die Astronauten gefährden kann, die von der Raumstation ISS aus «Spaziergänge» ins All unternehmen.

Die Mehrzahl der zivilen Satelliten (über die militärischen wissen wir wenig, kennen weder ihre Anzahl noch den jeweiligen Zweck) dient der Telekommunikation, hauptsächlich der Datenübertragung für Mobiltelefone, fürs Internet und für das Global Positioning System (GPS), das uns unseren augenblicklichen Standort verrät oder uns im Alltag leitet, wenn wir zu Fuß oder im Auto unterwegs sind. Zum Glück werden zahlreiche Satelliten zur Erforschung unseres Planeten genutzt. Dabei setzen sie verschiedenste technische Instrumente ein, von hochauflösenden Digitalkameras bis zu Mikrowellensensoren.

Die ersten Experimente zur Fernerkundung liegen 200 Jahre zurück und dienten – einer exakten Definition zufolge – «dem Erwerb von Daten, ohne mit dem unter Beobachtung stehenden Objekt in Kontakt zu treten». Die damalige Zeit war durch zwei große technische Revolutionen geprägt: die Erfindung der Fotografie und die Geburt der Luftfahrt. Tatsächlich entstanden Luftaufnahmen schon am Ende des 19. Jahrhunderts, als einige Pioniere aus einem Heißluftballon mit ihren noch primitiven Kameras die unter ihnen liegenden Landschaften fotografierten. Die allererste – allerdings verschollene – Luftaufnahme (1858), eine Ansicht von Paris, wird dem Franzosen Nadar zugeschrieben; die älteste heute noch erhaltene ist eine Ansicht von Boston. Der Amerikaner James Wallace Black hatte sie im Oktober 1860 ebenfalls von einem Ballon aus aufgenommen.

Im Ersten Weltkrieg halfen Tauben dabei, unbemerkt und ohne Menschen zu gefährden, feindliches Territorium zu fotografieren. Aber ihren eigentlichen «Boom» erlebte die Fernerkundung natürlich erst mit der modernen Luftfahrt, der Raketentechnik fürs All und den technisch ausgereifteren Fotokameras: Von den Spionageflugzeugen, deren Aufnahmen die dreizehntägige Kuba-Krise auslösten, bis zu den mit Minikameras bestückten Drohnen entwickelte sich diese Technologie bis in die Gegenwart immer weiter.

Die ersten Satelliten wurden Ende der Fünfzigerjahre ins All geschossen. Ab den Sechzigerjahren diente die Technik für Klimabeobachtungen und zur Verbesserung von Wettervorhersagen. Dabei wird gerne vergessen, dass ein Großteil des technologischen und wissenschaftlichen Fortschritts, der bei der Erforschung unseres Planten erzielt wurde, der Rüstungsindustrie zu verdanken ist. So wurde beispielsweise die weithin bekannte Radartechnik, die heute der Luftfahrt wie auch der Erdbeobachtung durch Satelliten dient, hauptsächlich zu militärischen Zwecken entwickelt und perfektioniert. In der Welt von Wissenschaft und Forschung war dieses Thema von jeher heftig umstritten und wird auch künftig für Zündstoff sorgen. Einerseits verdanken wir Wissenschaftler viel dem ökonomischen und technologischen Druck, mit dem das Militär die Entwicklung der Fernerkundung vorangetrieben hat, weil wir über Veränderungen auf unserem Planeten jetzt mehr Erkenntnisse sammeln können. Aber andererseits sind die meisten Kollegen, mit denen ich arbeite, überzeugte Antimilitaristen (wie ich auch).

Die Suppe – oder was davon übrig geblieben ist – ist inzwischen kalt. Der Nachtisch wartet: Wir genießen unsere (einigermaßen) schmackhaften eiweißhaltigen Riegel, während wir die Suppenschüsseln und Bestecke in unsere Taschen zurückpacken und wie immer sorgfältig darauf achten, dass kein Müll in dieser herrlichen Landschaft zurückbleibt.

Dabei diskutieren wir immer noch über Satelliten. Unsere heute gesammelten Daten dienen auch dazu, die Satellitenbilder genauer zu interpretieren und damit gründlicher nachzuvollziehen, wie und wie stark sich Grönland derzeit verändert. Beruflich dürfen wir uns glücklich schätzen, in der heutigen Zeit zu leben: Die Anzahl der Satelliten zur Erdbeobachtung – und damit die Qualität der gelieferten Informationen – hat in den letzten Jahrzehnten rasant zugenommen. Viele Zonen an den Polen werden täglich von der Satellitenüberwachung «abgedeckt», wie es fachsprachlich heißt, und die in den äußersten Breiten sogar mehrmals am Tag.

Ian ist Experte für Modelle, nicht für Satelliten. Welches denn die «bekanntesten» Satelliten seien, will er von mir wissen. Vor der Antwort nehme ich einen Schluck Kaffee, um mich aufzuwärmen und meine Lippen zu befeuchten, die von der Kälte und vom vielen Reden ausgetrocknet sind. Natürlich kann ich nicht alle einzeln aufzählen: Am bekanntesten sind Landsat und Modis, gefolgt von den Satelliten mit kryptischen Abkürzungen – SSM/I, AMSR-E, SMMR –, und weitere mit sprechenden Namen, unter denen man sich etwas vorstellen kann: von Terra und Aqua bis zu Icesat und Cloudsat. Mittlerweile gibt es Spezialstudiengänge für Fernerkundung. In den wenigen Minuten, die uns bis zum Aufbruch bleiben, kann ich ihm nur einen groben Überblick geben. Grundsätzlich gibt es zwei Kategorien von Sensoren: die «aktiven», die ein Bündel elektromagnetischer Wellen aussenden und deren Reflexion messen, und die «passiven», die in ihr Umfeld nur hineinhorchen. Ein geläufiges Beispiel für den ersten Typ ist die Taschenlampe: Der Lichtstrahl beleuchtet ein Objekt, worauf wir mit unseren Augen dessen Farbe, Gestalt und Größe erkennen. Die Taschenlampe fungiert als elektromagnetische Quelle (des Lichts im sichtbaren Spektrum), während unser Auge als Sensor dient. Ein passiver Sensor ist in unserem Fall ein Instrument, das die Energie misst, die die Erde auf natürlichem Wege ausstrahlt. Die Fernerkundung mit passiven Sensoren funktioniert ungefähr so, als horche man den Brustraum eines Patienten ab, dessen Atmung sich in elektromagnetischen Wellen äußert.

Jede Technik hat ihre Vor- und Nachteile: Digitalkameras (die als «passive» Sensoren gelten, weil sie die reflektierte Strahlung messen, die von der Sonne und nicht ihnen selbst emittiert wird) offenbaren uns überraschende Details, stoßen aber in bestimmten Situationen, zum Beispiel bei bewölktem Himmel, an ihre Grenzen. Dagegen können Mikrowellensensoren durch die Wolken «hindurchschauen», liefern aber deutlich unschärfere Bilder. Kurz gesagt, wir müssen Kompromisse machen: entweder gestochen scharfe Bilder, die sich nicht jederzeit erstellen lassen, etwa weil uns eine Wolkendecke einen Strich durch die Rechnung macht, oder jederzeit verfügbare Aufnahmen, die aber etwas «grobkörnig» sind und nicht alle Einzelheiten zeigen.

Aus der Lethargie nach dem Mittagessen erwacht, wendet Patrick ein, dass auch Gravitationsmessungen eine Rolle spielen. Tatsächlich misst das Satellitenprojekt GRACE (ein Akronym für Gravity Recovery And Climate

Experiment) die Schwankungen des Gravitationsfeldes, um die Erde buchstäblich vom All aus «abzuwiegen». Zum Einsatz kommen dabei zwei Satelliten, deren Abstand zueinander mit höchster Präzision gemessen wird: Während die beiden künstlichen Himmelskörper bis zu fünfzehn Mal pro Tag mit einer durchschnittlichen Geschwindigkeit von rund 27 000 Stundenkilometern um unseren Planeten jagen, wird ihre Bahn vom Schwerefeld der Erde beeinflusst, das wegen deren Massenverteilung Unterschiede aufweist. Überquert der erste Satellit zum Beispiel eine Region, in der eine stärkere Anziehung herrscht, wird er beschleunigt, sodass sich sein Abstand zum anderen Satelliten vergrößert. Ein Wunder an menschlichem Einfallsreichtum. Wohl nicht einmal der geniale Isaac Newton, der das universell geltende Gravitationsgesetz formulierte, hätte sich vorgestellt, dass die Schwerkraft in nicht allzu ferner Zukunft auch dazu dienen könnte, unseren Planeten vom Orbit aus zu erforschen. Das System ist so hochempfindlich, dass es den Abstand der beiden Satelliten zueinander mit einer Präzision misst, die einem Zehntel der Dicke eines Haars entspricht. Seine Daten werden beispielsweise genutzt, um zu ermitteln, wie viel Eismasse Grönland oder die Antarktis im Sommer verlieren. Und dies ermöglicht es wiederum, mit einer bislang unerreichten Genauigkeit zu berechnen, wie sehr diese gewaltig ausgedehnten Eisschilder zum Anstieg der Meeresspiegel beitragen.

6. EISIGE ABGRÜNDE

Auch wenn es nicht in den Lehrbüchern steht: Der Erfolg jedes Experiments hängt grundlegend von der Aufrechterhaltung der Motivation ab. Als wir uns nach dem Mittagessen wieder auf den Weg machen, sieht die Welt tatsächlich ganz anders aus: Wir kommen schneller voran, die Rucksäcke belasten uns weniger, und die Rückenschmerzen haben nachgelassen. (Dabei ist uns natürlich klar, dass sie bald und wahrscheinlich noch stärker zurückkehren). Ich fühle mich leichtfüßig, bewege mich – wenn auch immer vorsichtig – freier übers Eis, mit einer Technik beim Gehen, die wir inzwischen perfektioniert haben. Sie kommt wie von selbst und besteht darin, den «Schwung» von jedem Schritt so zu nutzen, dass er beim nächsten Energie spart, ähnlich wie bei «Himmel und Hölle», das wir als Kinder spielten (und von dem es zahlreiche Varianten unter verschiedenen Bezeichnungen gibt): Man zeichnet mit einem Stein Quadrate auf den Boden, wirft diesen ins Spielfeld und hüpft auf einem Bein, ohne auf eine Linie zu treten, bis in das Quadrat, in dem der Stein gelandet ist.

Wir marschieren in Richtung der zweiten Stelle, an der wir Messungen vornehmen wollen. Auch wenn keine Gletscherspalten in Sicht sind, erfordert das Eis jederzeit höchste Aufmerksamkeit: Wenn man sich den Knöchel nur ein wenig verstaucht, weil man mit dem Fuß in einer der kleinen Ritzen hängen bleibt, die sich zu Tausenden durch die Eisoberfläche ziehen, oder sich beim Abstützen an einer scharfkantigen Eiswand einen feinen Schnitt in der Hand zuzieht, kann dies in einer solchen Umgebung zu einem ernsthaften Problem werden. Ganz zu schweigen von banaleren Missgeschicken: Man ist in ein Gespräch vertieft und bemerkt nicht, dass sich das Sicherungsseil, an dem wir alle angebunden sind, um ein Bein geschlungen hat, oder man bleibt an einem Eishöcker hängen. Die kleinste Unachtsamkeit kann fatale Folgen haben.

Erste Anzeichen verraten uns, dass wir fast am Ziel sind: Ein mächtiges Rauschen, wohl von einem Wasserfall in der Ferne, erinnert uns daran, wie sehr wir uns an diese unglaubliche Stille gewöhnt haben. Immer mehr Flüsse und Bäche plätschern um uns herum: Weit kann es nicht mehr sein. Aus einer letzten Talsenke steigen wir die Anhöhe hinauf, die uns noch von dem See trennt, den wir untersuchen wollen. Wir haben ihn «Lago Napoli» getauft, nach meiner Idee, als eine kleine Hommage an eine Station in meinem Leben, aber auch als eine augenzwinkernde Retourkutsche gegen den Schweizer Kollegen, der zwei Jahrzehnte zuvor das erste Lager zur langfristigen Beobachtung Grönlands «Swiss Camp» getauft hatte.

Der Eisrand bei Kangerlussuaq (Grönland)

Das Grönländische Eis,
Blick vom Hubschrauber im Landeanflug

Oben und rechts:
Eisberge beim Städtchen Ilulissat (Südgrönland)

Antarktische Trockentäler

Gletscherbach, entstanden durch die Eisschmelze (Grönland)

Canyons, entstanden durch abfließendes Schmelzwasser (Grönland)

Eisberg im Ilulissat-Eisfjord, aufgenommen um Mitternacht
bei einer Exkursion aufs Meer

Blick vom Hubschrauber auf den Grönländischen Eisschild

Ein Loch im Eis, das sich beim Auslaufen
eines Gletschersees geöffnet hat (Grönland)

Unser Basislager an einem grönländischen See

Blick aus dem Zelt vor dem Schlafengehen (Grönland)

Auf Satellitenaufnahmen erscheinen die Seen, die wir untersuchen, wie im Eis sitzende Edelsteine. Sie bestehen aus einem unvergleichlich reinen Schmelzwasser, das sich in Senken im Gletscher ansammelt. Ihr Wasser ist so kristallklar, dass man bis auf das Eis am Grund hinabsieht, wenn man sich über ihren Rand beugt. Ich erinnere mich noch gut an den Tag, als ich diese Gletscherseen vom Hubschrauber aus zum ersten Mal gesehen habe: Es war, als hätten Giganten – Gullivers im Lande Liliput – einzelne Tropfen Wasser über Grönlands weiße Landschaft ausgegossen.

Die grönländischen Seen sind aus mehreren Gründen von wissenschaftlichem Interesse. Ihre Färbung, mit der sie sich vom helleren umgebenden Eis abheben, begünstigt die Absorption der Sonnenstrahlung, die ihrerseits dafür sorgt, dass sich mit dem Wasser auch das Eis an den Rändern erwärmt und schneller abschmilzt. Mich fasziniert und verblüfft, wie «lebendig» diese Seen sind: Ihr Grund ist nicht fest, statisch oder starr wie der ihrer «Brüder» auf festem Boden. Er entwickelt sich vielmehr ständig weiter, verändert sich und gewinnt mit zunehmendem Alter des Sees an Tiefe. Und dies ist keine Täuschung, die uns die Reinheit dieser Umgebung vorspiegelt, sondern eine wissenschaftliche Tatsache. Wir haben die Tiefen dieser Seen in der Vergangenheit gemessen und dabei festgestellt, dass ihr Grund binnen weniger Wochen um bis zu zwei Meter abschmelzen kann. Es ist, als würden sich diese Seen mit der nagenden Kraft ihres Wassers immer tiefer in den Untergrund graben und sich dadurch selbst auffressen: sozusagen als «kannibalische» Gletscherseen.

Auf den ersten Blick weniger erkennbar, besteht ein weiterer grundlegender Aspekt dieser spiegelnden Wasserflächen in ihrem Beitrag zum Abschmelzen der Gletscher und damit zum Anstieg der Meeresspiegel. Tatsächlich steuern die Seen auf der Oberfläche des Eisschildes den Prozess der sogenannten hydraulischen Rissbildung *(hydrofracturing):* Wenn das Eis zum Meer hinfließt, reißt unter der Last seines Gewichts überall die Oberfläche auf, ähnlich wie bei Lava, die vom Gipfel eines Vulkans hinabströmt und dabei Risse und Spalten bildet. Die obersten Schichten des Eises fließen schneller als die in der Tiefe, die vom felsigen Untergrund gebremst werden. Entlang einer vertikalen Achse entsteht so eine Spannung, die «Risse» aufklaffen lässt. Früher oder später schließen sich diese von selbst wieder durch die natürliche «Ziehharmonikabewegung» des Eisflusses, der abwechselnd beschleunigt und abgebremst wird. Hier kommen die Seen an der Oberfläche ins Spiel: Durch sie füllen sich die Spalten mit Wasser, das gegen ihre Wände drückt und diese nicht nur offen hält, sondern sie auch erweitert und ausdehnt. Wenn das Wasser einen stetigen und ausreichend hohen Druck ausübt und Spalten dadurch vergrößert, siegt es über den «Drang» des Eises, sich wieder zu schließen.

Für Forscher wie mich ist allein schon diese Beobachtung faszinierend. Man wird gleichsam Zeuge einer beispielhaften Schlacht, die von ein und demselben Element, dem Wasser, dem Urquell alles Lebens auf unserem Planeten, zwischen zwei Zuständen ausgetragen wird: zwischen dem flüssigen Zustand, in dem alle Moleküle – in der sogenannten *Brown'schen Bewegung* – zuckend umhertanzen und das Chaos alles beherrscht und bestimmt, und dem Festzustand, der kristallinen, reglosen und starren Struktur, der wohlgeordneten Schönheit und Eleganz. Der Sieg in der Schlacht geht an die Seen, deren Wasser überall aufgerissene Spalten offen hält und sie so lange rastlos verbreitert und vertieft, bis es sich schließlich zum nackten Felsgrund unter dem Eis durchgefressen hat. Und was dann geschieht, ähnelt dem Szenario in einer Badewanne, wenn man den Stöpsel zieht: Sobald sich der Abflusskanal geöffnet hat, entleert sich der See mit unaufhaltsamer Gewalt.

Wir wollen auf dem Grund und an den Rändern des Sees Sensoren anbringen. Sie sollen uns verraten, wann und wie schnell dieser See verschwindet und wie sich das Eis vor, während und nach seinem Kollaps bewegt. Die erste Aufgabe können wir natürlich nicht zu Fuß erledigen. Bislang ist es noch niemandem gelungen, ein solches Ereignis mit den verfügbaren Instrumenten zu dokumentieren oder gar zu filmen. Den Vorschlag, uns mit einem Schlauchboot auf den See hinauszuwagen, haben wir gleich wieder fallen gelassen: Sollte dieser plötzlich auslaufen, würden wir von der Strömung erfasst und bei einem Sturz ins Wasser mit einer Temperatur bei nahe null Grad nur wenige Minuten überleben.

Wir haben die Lösung vor einigen Monaten gefunden und setzen sie jetzt in die Tat um: Wir nutzen ein ferngesteuertes Boot, das speziell für diese Mission ausgerüstet wurde – ein angepasstes Standardmodell, wie es Fischer verwenden, wenn sie Köder in fischreichen Gewässern auswerfen wollen, die anders nicht erreichbar sind. Die Fischer steuern das Boot vom Ufer aus, werfen den Köder an der gewünschten Stelle aus und dirigieren es bequem zu sich zurück, wenn ein Fisch angebissen hat. Ich musste unter den verfügbaren Modellen unendlich lange suchen, um ein passendes zu finden: Immer wenn ich einem Hersteller erläuterte, was wir bräuchten, schaute er mich an, als hätte ich den Verstand verloren, insbesondere wenn ich ihm erklärte, dass es um einen Forschungsauftrag für die NASA gehe. Schließlich trieben wir ein Boot in Schottland auf, statteten es mit den Geräten aus, die wir im See versenken wollten, und tauschten einige Bordinstrumente aus.

Ich erinnere mich noch lebhaft daran, als wir in New York einen letzten Testlauf durchführten, bevor wir das Boot auf die Reise nach Grönland schickten. Die Probefahrt sollte an einem sonnigen Frühlingstag auf einem der künstlichen Seen im Central Park stattfinden. Beim Versuch, eine schriftliche Genehmigung einzuholen, konnten wir nur Kontakt zum Parkverwalter aufnehmen, und der half begeistert weiter mit der Auskunft, wir sollten uns einfach an die Arbeit machen. Das Boot erregte allerdings einiges Aufsehen: In Schwarz und mit bunten LED-Lichtern an Bug und Heck bestückt, wirkte es wie ein technischer Zwitter aus Katamaran und Batmobil. Alles ging glatt, das Boot reagierte perfekt und sorgte sogar für einen kleinen Auflauf aus amüsierten Touristen – bis uns zwei

Polizisten in Zivil unmissverständlich deutlich machten, dass wir zu verschwinden hätten. Sie sahen uns gar nicht gerne im Wasser herumwaten.

Wir erreichen das Ufer des Sees: Endlich ist der große Moment gekommen. Wir lassen die Rucksäcke auf dem Eis zurück, montieren die Instrumente ans Boot, schalten den Motor ein und steuern es vorsichtig übers eisige Wasser. Die Videokamera, die wir an der Bordwand angebracht haben, schickt uns Bilder vom darunterliegenden Grund, während ich es mit leichten Fingerbewegungen am Hebel der Fernbedienung an seinen Bestimmungsort dirigiere. Dort angekommen, ist von dem höchstens zwei Meter langen Boot nur noch ein schwarzes Pünktchen zu sehen. Bug und Heck sind nicht mehr zu erkennen.

Weiter auf den See hinaus darf es nicht fahren. Wir sind zwar nicht auf dem offenen Meer, aber der Wind hier in Grönland bläst so stark, dass die Wellen in der Mitte des Sees bis zu einem halben Meter hochschwappen – ausreichend hoch, um ein Miniaturboot in Gefahr zu bringen. Zeit, den Anker auszuwerfen. Wir sind alle angespannt, auch wenn wir uns die Aufregung nicht anmerken lassen. Bevor ich den Knopf drücke, um den Sensor abzusetzen, schaue ich mich um – auf der Suche nach Bestätigung, als würde ich gleich eine Atombombe zünden.

Es ist vollbracht. Monaten der Vorbereitung haben sich zu einer Mikrosekunde verdichtet, in der Elektronen über unser Schicksal entschieden. Ihre Ladung, in Radiowellen überführt, hat unseren Befehl an das mehrere hundert Meter entfernte Boot übermittelt. Inzwischen ist es fast ganz außer Sichtweite. Aber die aufmontierte Video-kamera schickt uns Bilder auf unseren Computermonitor. Hoffentlich bekommen wir bald etwas zu sehen, das unserem Sensor ähnelt – ein Metallzylinder von 15 bis 20 Zentimetern Länge mit einem Durchmesser von höchstens 5 Zentimetern. Vor dem Laptop zusammengedrängt, verfolgen wir das Geschehen so gespannt wie das Elfmeterschießen am Ende des Finales einer Fußballweltmeisterschaft. Schließlich sehen wir etwas schimmern: Der Sensor taucht auf. Freude mischt sich mit Erleichterung in einem unbeschreiblichen Wirbelwind von Emotionen. Diese wenigen Minuten haben zu einem guten Teil über den Erfolg der Mission entschieden.

Wir steuern das Boot zurück: Als wir es aus dem Wasser ziehen, scheint alles in Ordnung. Wir haben noch so viel Adrenalin im Blut, dass wir die Kälte an unseren nass gewordenen Händen im eisigen Wind kaum spüren. Noch sind wir nicht am Ziel, das wissen wir nur zu gut. Aber jetzt müssen wir nur noch warten. Es kann Wochen dauern, bis wir die Daten bekommen, die uns nützen. Denn noch ist nicht klar, was geschieht, wenn solche Seen kollabieren. Zu viele Faktoren sind dabei zu berücksichtigen: die jeweilige Menge des Wassers im See; vor wie langer Zeit sich die Spalten im Eis auf seinem Grund gebildet haben und wie viel Zeit dies in Anspruch genommen hat; was unter ihm liegt; wie der Felsboden unter dem Gletscher aussieht; und ob unter diesem Koloss aus Wasser Berge und Täler begraben liegen.

Wir sind soeben ins Lager zurückgekehrt und haben gerade die Geräte und Instrumente in unseren Rucksäcken und Boxen verstaut. Christine, die den Bildschirm keine Sekunde aus den Augen gelassen hat, fordert mich auf, mir die einzelnen Aufnahmen anzuschauen, die uns die Kamera jede Minute vom Rand des Sees schickt. Sie will wissen, ob sie am Computer einer optischen Täuschung aufsitzt oder nicht. Verwirrt gehe ich zu ihr: Auf den ersten Blick erkenne ich nichts Seltsames an diesem Seeufer. Wir gehen die Serie der Bilder, die in den letzten Stunden entstanden sind, gemeinsam durch, «spulen» rasch vor und zurück und erzeugen hektisch klickend eine Abfolge von digitalen Momentaufnahmen, die wie auf einem Karussell an uns vorüberziehen. Ich unterbreche die Bilderrevue: Jetzt sehe ich es. Christine hat recht. Die Ränder des Sees bewegen sich deutlich stärker, als zu erwarten wäre, und nicht wegen des Windes. Dafür ist die Bewegung zu großräumig und gleichförmig, schließt auch die gesamte Wasserfläche ein. Zudem meldet uns die Wetterstation, dass der Wind schwächer geworden und plötzlich fast ganz abgeflaut ist, was in dieser Gegend häufig vorkommt. Schließlich beginnt der Spiegel des Sees abzusinken, wenn auch kaum erkennbar.

Wir schauen uns perplex, ungläubig an und zögern fast anzuerkennen, dass wir das, weswegen wir hierhergekommen sind, nun live miterleben: Der See kollabiert, bricht unter der Last des eigenen Gewichts zusammen, sodass sein Wasser wie bei einer Implosion verschwindet. Noch bevor wir die anderen rufen können, schreckt uns alle ein lautes Getöse auf, auch diejenigen, die wegen der Kälte, des Wartens und der Müdigkeit kaum noch etwas mitbekommen. Jetzt sind wir aufgeregt, nervös und neugierig. Wer kann, schnappt sich ein Fernglas und späht in die Ferne, während die anderen nur auf den Monitor starren. Auf der Wasseroberfläche sehen wir gigantische Eisbrocken kreisen, während der Pegel so rapide absinkt wie in einer Badewanne, in der man den Stöpsel gezogen hat. Offenbar durch heftige Strömungen freigesetzt, wirken diese Eisblöcke in ihrem Tanz leicht und flockig, obwohl sie mindestens so viel wie ein Reisebus wiegen. Gebannt verfolgen wir die langsame Agonie dieses Sees, der in weniger als vierzig Minuten verschwindet, mit einem Durchfluss, der den der Niagarafälle übertrifft. Das Abflussloch im Eis ist zu groß, als dass es sich wieder verschließen könnte, bevor der See völlig «ausgeblutet» ist. Es hält uns nicht länger auf unseren Plätzen, wir wollen loslaufen, um das Ereignis mit eigenen Augen zu beobachten. Inzwischen ist der Wasserspiegel so stark abgesunken, dass er im Uferbereich von uns aus nicht mehr sichtbar ist. So rasch wie möglich brechen wir auf. Aber die Natur ist schneller. Kaum haben wir uns umgewandt, ist der See buchstäblich verschwunden: Von dem Gewässer, das sich vormals mit einer Tiefe von zehn Metern über mehrere Kilometer erstreckte, sind jetzt nur noch Pfützen sichtbar. Ian, Alison und ich machen uns mit äußerster Vorsicht auf den Weg, um zu erkunden, was sich vor unseren Augen abgespielt hat. Guter Dinge und aufgeregt, veranschlagen wir dafür rund zwei Stunden: Unser Hauptziel, unsere spätere Jagdtrophäe, ist der Sensor auf dem (einstigen) Grund des Sees. Wir lassen uns von unserem GPS-Gerät wie von einem der Metalldetektoren leiten, mit dem Leute an Stränden nach wertvollen Objekten suchen. Wir müssen uns eine neue Route suchen, um zu unserem Sensor zu gelangen, weil sich die Landschaft mit neu aufgetauchten Bächen und Rinnsalen bis zur Unkenntlichkeit verändert hat. Und Vorsicht ist geboten: Vielleicht haben sich neue Gletscherspalten aufgetan, die uns zum Verhängnis werden könnten. Schließlich nähern wir uns unserem Ziel. Wir suchen die Oberfläche des Eises ab und versuchen, uns in einer Landschaft zu orientieren, die bis vor wenigen Stunden noch nicht existiert hat.

Am Ende erspähen wir die *Gletschermühle*, wie fachsprachlich das Loch heißt, durch das das Wasser des Sees abgeflossen ist: Mit ihrer riesigen Ausdehnung ist sie geradezu ein Monster. Die Löcher, die wir bislang gesehen oder von denen wir gehört haben, hatten nur einen Durchmesser von wenigen Metern. Dagegen ist dieses von einem zum anderen Ende zehn Meter breit. Der Sensor liegt wenige Meter von der Gletschermühle entfernt. Hätte ich den Knopf nur eine Sekunde später gedrückt, wäre er im Schlund verschwunden – und zu einem materiellen Zeugnis unserer Anwesenheit geworden, zu einem im Eis eingeschlossenen Relikt unserer Arbeit (aber bestimmt ziemlich nutzlos für künftige Datenaufnahmen). Die Daten verraten uns, dass sich das Eis während des Kollapses um rund 20 Zentimeter gehoben hat – durch den Druck des Wassers, das unter ihm abgeflossen ist und es vom Felsuntergrund gelöst hat. Dabei hat sich auch seine Fließgeschwindigkeit auf dem Weg zum Ozean wie bei einer Art «Aquaplaning» beschleunigt. Eine ein Kilometer dicke Eisscholle wurde durch die Gewalt des Wassers so im Nu verschoben.

Wir nähern uns vorsichtig der Gletschermühle. Alison und Ian bleiben hinter mir zurück. Ich gehe weiter auf den Abgrund zu. Obwohl wir zur Sicherung mit Seilen und Gurten miteinander verbunden sind, haben mein Adrenalinausstoß und meine Angst Höchststände erreicht. Ich trete an den Rand heran und sehe, wie immer noch Wasser quer durch den gewaltigen Schlund hindurchschießt. Obwohl die tobende Bewegung bei mir Schwindel auslöst, versuche ich, noch näher heranzukommen. Dann habe ich es geschafft, sehe entlang der Wände des Eises – blau, fest, rein – bis auf den Grund hinab. Ich lege mich auf den Bauch, um den Kopf über den Rand zu recken und das Geschehen unten im Schlund zu beobachten. In meiner Fantasie hat er sich schon in ein Fabeltier verwandelt, in den Eingang zur Höhle der Cumäischen Sibylle oder in Dantes Höllenschlund.

Das «Loch» ist rund zehn bis fünfzehn Meter tief. Für Glaziologen wie mich ist dies ein großartiger Moment. Zu meinem großen Erstaunen stelle ich fest, dass das Wasser, das von der Oberfläche herabsprudelt, nicht die Hauptquelle ist, die diesen natürlichen Brunnen im Eis speist: Ein horizontaler Wasserleiter in rund fünf Metern Tiefe sorgt dafür, dass aus einem Loch in der Wand unter gewaltigem Druck ein Wasserstrahl herausschießt und an der gegenüberliegenden Seite zerstiebt. Über das Wirken eines solchen *englacial channel*, wie wir ihn nennen, eines «Kanals im Eisinneren», hatte ich schon einiges gelesen, es aber noch nie mit eigenen Augen beobachten können. Solche Wasserleiter entstehen im Sommer im Eis, zunächst nur in geringer Größe und Anzahl, aber je länger die Schmelzperiode fortdauert und je mehr Wasser aus dem Eis frei wird, desto stärker weiten sie sich aus. Dabei entsteht ein hocheffizientes Drainagesystem, über das das Wasser in den Ozean strömt und so zum Anstieg des Meeresspiegels beiträgt.

Im Eisschild fließt Wasser also nicht nur durch Flüsse und Seen an der Oberfläche, sondern auch durch unterirdische Kanäle ab, die ihren Verlauf und ihre Größe verändern. Diese Art Eislabyrinth, das sich unter dem azurfarbenen Mantel der Arktis verbirgt, hat mich schon immer an die Unterwelt Neapels erinnert: an die Katakomben, das verborgene Gesicht der Stadt, einer Parallelwelt, deren Bewohner jahrhundertelang in Stille einem Leben ähnlich dem der Menschen an der Oberfläche nachgingen. Als ich das letzte Mal durch die engen Gänge unter der Piazza del Plebiscito, der Via Roma und den Quartieri Spagnoli spazierte, musste ich an Canyons wie jene denken, die sich jetzt unter mir durch das Eis ziehen.

Das Unglaubliche ist, dass unter diesen Kanälen in noch größerer Tiefe weitere und noch weitläufigere verlaufen: Von der NASA gesammelte Daten offenbarten kürzlich einen vormals unbekannten Canyon, der in rund 2 Kilometern Tiefe durchs grönländische Eis verläuft. An einigen Stellen ist er bis zu 800 Meter tief und rund 2 Kilometer lang, womit er länger als der Grand Canyon und damit der längste auf der Erde bislang entdeckte ist.

Schließlich bergen wir unseren Sensor und stoßen nach einiger Zeit wieder zu den anderen, die uns hinterhergegangen sind und in einigem Abstand auf uns gewartet haben. Wir laden sofort die gesammelten Daten herunter und schauen sie uns an. Alles ist da: Wir können nachverfolgen, wann das Boot den Sensor ausgesetzt und wann er die ersten Tiefenmessungen im See vorgenommen hat. Wir verfolgen die kleinen Veränderungen der Temperatur, des Windes und sämtlicher Faktoren, die dazu beigetragen haben könnten, dass sich die Höhe der Wassersäule über dem Sensor – auch unmerklich – verändert hat.

Noch wichtiger, verfügen wir jetzt über die Daten zum Kollaps des Sees: Er ist binnen rund vierzig Minuten ausgelaufen. Hätten wir uns auf ihm aufgehalten, hätte es kein Entrinnen gegeben: Wir wären mit in die Tiefe gerissen worden und so als Helden der Arktisforschung in die Geschichte eingegangen – Helden allerdings, die sich durch besondere menschliche Dummheit ausgezeichnet hätten. Wir machen uns auf den Rückweg zum Basislager, erschöpft, aber begeistert und voller Hoffnung: Vielleicht helfen uns die soeben gesammelten Daten, das Verhalten des grönländischen Eises, dieses so geheimnisvollen und majestätischen Geschöpfes, besser zu verstehen.

7. EIN LOCH IM EIS

Die Euphorie begleitet uns auf dem gesamten Rückweg. Wir spornen uns gegenseitig mit immer neuen Einzelheiten an, als hätten wir Angst, das eben miterlebte unglaubliche Ereignis zu vergessen. Wir marschieren in Zweiergruppen und lösen uns wechselseitig an der Spitze ab. Als ich vorne wieder zu Christine stoße, einer Veteranin des Projekts, werden Erinnerungen wach: Immer wieder von Gelächter unterbrochen, denken wir an unsere erste gemeinsame Expedition in der Antarktika vor einigen Jahren.

Dry Valleys – «Trocken-» oder «Wüstentäler» – gehören in der endlosen Ausdehnung des antarktischen Kontinents zu den wenigen Stellen, wo der Boden nicht von Eis überzogen ist – zumindest nicht vollständig. Wir hatten uns mit Christine auf den Weg gemacht, um einige Bakterienarten zu untersuchen, die nur in dieser Region vorkommen – ein einzigartiges Erlebnis. Das Gebiet steht unter dem Schutz eines internationalen Abkommens. Es legt fest, dass sich kein Staat der Erde die Kontrolle über den südlichsten Kontinent verschaffen kann, jetzt und auch in Zukunft nicht. Zu der genannten Region haben nur wenige Personen pro Jahr zu Forschungszwecken Zugang. Das Gebiet gleicht einer Mond- oder besser einer Marslandschaft, wegen der rötlichen Bergspitzen, die halb verschneit über dem Eis aufragen. Der Wind bläst täglich so heftig und ungestüm wie fast nirgendwo auf der Erde. Er nagt an den Felsen, deren rostrotes Geröll das umliegende Gelände bedeckt. Wo das Eis und das Meer aufeinanderstoßen, scheint ein smaragdgrüner Streifen des eisigen Ozeans auf, ehe er ins Weiß des Meereises übergeht.

Ich erinnere mich, wie wir beim Marsch zum Basislager auf die Überreste eines Tieres, wahrscheinlich einer Robbe gestoßen sind. Damals erklärte mir Christine, dass man nicht sagen könne, vor wie langer Zeit es verendet sei, weil die tiefen Temperaturen und die geringe Feuchtigkeit hier die Verwesung stark verzögern. Es konnte schon seit Jahrzehnten oder sogar seit Jahrhunderten dort liegen. Besonders lebhaft im Gedächtnis geblieben sind mir die Stürme. Die sogenannten *katabatischen Winde*, Fallwinde aus Luftmassen, die wie eine Lawine aus der Höhe herabstürzen, können in der Spitze orkanartige Geschwindigkeiten erreichen. Auf dieser Expedition mit Christine hatte ich mich in einer wohlverdienten Ruhepause gerade schlafen gelegt, als ich aufgeweckt wurde: Was ich im Schlummer für die Hand meiner Tochter gehalten hatte, entpuppte sich als die Zeltwand, die sich so stark eindellte, dass sie gegen mein Gesicht drückte. Wir machten uns sofort auf den Weg in die einzige «sichere» Zuflucht (das Küchenzelt) und warteten dann rund zehn Stunden, bis die Winde wieder abflauten.

Nirgendwo sonst auf der Welt gibt es so atemberaubende Landschaften. Eben wegen dieser Einzigartigkeit müssen Forscher, die das Privileg und das Glück haben, sie besuchen zu dürfen, unumstößliche Regeln befolgen, die die amerikanische Regierung festgelegt hat: Ihr untersteht die «Verwaltung» dieses Teils der Antarktika. Ich erinnere mich sehr gut daran, wie streng wir die Vorschriften beachtet haben, um möglichst keine Schäden zu verursachen. Selbst beim einfachen Herumspazieren mussten wir äußerste Vorsicht walten lassen und nutzten umliegende Felsen und Steinbrocken als Brücken, die uns über dieses Ökosystem aus Algen, Blumen, Flechten und Mikroorganismen geleitet haben.

Während wir weiter durchs grönländische Eis marschieren, begleite ich immer noch Christine, unter Missachtung der ungeschriebenen Regel, wonach wir uns an der Spitze der Karawane immer wieder ablösen. Ich schaue mich um: Wir sind umgeben von winzigen schwarzen Löchern mit einem Durchmesser von wenigen bis zu einigen Dutzend Zentimetern, ganz ähnlich, wie sie mir und ihr in der Antarktis begegnet sind. Vielleicht ist es diese Erinnerung, die uns stehen bleiben lässt, um sie näher zu betrachten. Als wir dann weitergehen, fällt uns auf, dass sie sich wie von Zauberhand um uns herum vermehren und ihre Ränder immer klarer hervortreten. Diese sogenannten Kryokonitlöcher *(cryoconite holes)* samt ihren Eigenschaften, ihrer Morphologie, ihrer Verteilung und ihrer Stabilität sind wichtig, um das Ökosystem der Gletscher zu verstehen.

Diese zylinderförmigen Hohlräume im Eis bilden echte Oasen des Lebens, die einzigen Stellen, an denen sich auf den Polkappen Organismen entwickeln. Obwohl es in den Gewässern des Südpolarmeers vor Flora und Fauna nur so wimmelt, gibt es auf der antarktischen Landmasse selbst so gut wie kein Leben, auf diesem uferlosen Kontinent, der eineinhalb Mal die Fläche der Vereinigten Staaten oder fast die vierzigfache Deutschlands hat. Er besitzt das größte Süßwasserreservoir der Erde (70 Prozent des Gesamtvolumens), ist aber alles andere als einladend. Die Temperaturen können bis auf minus 90 Grad Celsius absinken (die niedrigste jemals vorgenommene Schätzung weltweit), und die Winde blasen – dahinjagen träfe es genauer – mit Spitzengeschwindigkeiten von 250 Stundenkilometern. Das entspricht Orkanen der Stärke 5, die auf dem amerikanischen Doppelkontinent oder in Asien immer wieder verheerende Verwüstungen anrichten. Darin unterscheidet sich Grönland kaum von der Antarktis. Deshalb findet man außerhalb der wenigen urbanen Ansiedlungen entlang der Küste auch kaum eine Menschenseele.

Wir betrachten die geometrischen Eisstrukturen aus der Nähe: Auf dem Grund des Wassers, das sie ausfüllt, ist dunkles Material erkennbar. Das ist der eigentliche *Kryokonit*, ein aus Staub, Geröllteilchen, Algen und Bakterien bestehendes Sediment, das außer in den arktischen und antarktischen Gletschern auch in denen Kanadas, Tibets und des Himalaya vorkommt. Diese Ablagerungen sind der Grund für die Entstehung der Löcher: Wegen ihrer dunklen Färbung absorbieren sie die Sonnenstrahlung, erwärmen sich und schmelzen so Vertiefungen ins Eis. Das Faszinierende daran ist, dass sie zwar hauptsächlich, aber eben nicht nur irdischen Ursprungs sind: Laut einer Berechnung enthält jedes Kilogramm Kryokonit um die zehn Gramm Sand irdischen Ursprungs, rund 800 durchgeschmolzene «kosmische Kügelchen» (die aus Kometen, Asteroiden oder interstellarem Staub stammen und auf die Erde gelangen) sowie 200 «Mikrometeoriten» mit Schmelzkruste. Noch verblüffender ist, dass Kryokonitlöcher der Forschungswelt bis vor eineinhalb Jahrhunderten noch völlig unbekannt waren. Erstmals beschrieben wurden sie von Adolf Erik (Nils) Nordenskiöld, der einige Jahre später von Göteborg aus an Bord der *Vega* an der Nordküste Eurasiens entlang bis zur Beringstraße vorgestoßen ist und so als Erster die «Nordostpassage» durchfahren hat. Der skandinavische Polarforscher und Geologe besaß die finnische und schwedische Staatsbürgerschaft. 1870 hat er diese zylindrischen Löcher im Eis, die außer ihm bislang nur wenige gesehen hatten, mehr oder minder detailliert beschrieben.

Während ich die Löcher aus nächster Nähe betrachte, denke ich darüber nach, wie sehr uns die Natur mit ihrer Eigenwilligkeit überraschen kann – von den Pinguinen, die den antarktischen Kontinent durchqueren, nur um ihre Eier abzulegen (obwohl sie sich sonst nie von der Küste entfernen, weil es mit dem Risiko des Hungertods verbunden ist), bis zu «Phylum nematoda», Fadenwürmern, die sich zum Überleben ins Eis eingraben und deren Namen an *Der Herr der Ringe* erinnert. Die Fähigkeit einiger dieser «Loch-Bewohner», sich an Extrembedingungen anzupassen und sich unter ihnen weiterzuentwickeln, macht sie in mancherlei Hinsicht einzigartig, zu den idealen Kandidaten, um außerirdisches Leben zu erforschen. Tatsächlich gelang es Anfang 2016 einer Gruppe japanischer Forscher, zwei Bärtierchen *(Acutuncus antarcticus),* auch Tardigrada genannt, die über dreißig Jahre lang im antarktischen Eis überwintert hatten, ins Leben zurückzuholen: Sie hatten ihren Winterschlaf zur Zeit Ronald Reagans (genau genommen am 6. November 1983) angetreten, als noch die USA und die Sowjetunion die Welt beherrschten und erste Skateboards auf den Straßen unterwegs waren, und wurden am 7. Mai 2014, in der Zeit der Smartphones und sozialen Netzwerke, «wiedererweckt». Diese winzigen Organismen von rund einem halben Millimeter Länge haben acht Beine, von denen jedes mit vier bis acht Klauen bestückt ist, und erinnern mit ihrem seltsamen Aussehen an Säugetiere, denen man das Fell abgezogen hat.

Tardigrada sind in jüngerer Zeit zu echten Lieblingen der Internet-Community geworden, unter den Namen *water bears* (Wasserbären) oder *moss piglets* (Moosschweinchen). Wie haben sie es zu einer solchen Popularität gebracht? Wohl deshalb, weil ein Bärtierchen gut als Held eines Videospiels herhalten könnte: Man kann es einfrieren, kochen, zerquetschen oder ihm auf Jahre Nahrung und Wasser entziehen, aber es kehrt immer wieder ins Leben zurück. Bärtierchen sind nicht totzukriegen! Sie sind ideale Kandidaten zur Besiedlung von Kryokonitlöchern und gehören zu den faszinierendsten Geschöpfen der Welt, eben wegen ihrer Fähigkeit, sich an extremste Umweltbedingungen anzupassen. Tatsächlich kommen sie in den tiefsten Tiefseegräben, in den heißesten Wüsten, auf den eisigsten Gipfeln des Himalaya und – eben auch – in der Antarktis vor, wo Christine und ich vor einiger Zeit ihre Bekanntschaft machten. Tatsächlich haben sie es sogar geschafft, sich länger als die Saurier zu behaupten, und sind so zählebig, dass sie (neben Kochen und Einfrieren) sogar in außerirdischen Umgebungen bestehen könnten.

Die «eingefrorenen» Tardigrada des japanischen Experiments verdanken ihr Überleben der sogenannten *Kryptobiose*, einem Prozess, bei dem sie ihren Stoffwechsel bis auf 0,01 Prozent der Normalfunktion herunterfahren. (Das ist ungefähr so, als würden wir unseren Puls von 60 Schlägen pro Minute auf einen Schlag alle zwei Minuten verlangsamen!) Dabei verlieren die Tiere ihr gesamtes Wasser im Körper und verschrumpeln zu kleinen unzerstörbaren Kugeln. (Manche tauschen das Wasser auch gegen eine Art natürliches «Frostschutzmittel» aus.) Das Wasser loszuwerden, ist dabei entscheidend. Das schützt sie zum Beispiel davor, dass beim Einfrieren ihre Zellen geschädigt werden.

Die japanischen Kollegen beschrieben eine weitere, noch überraschendere Eigenschaft. Eines der beiden Tierchen konnte sich nach dem «Auftauen» sogar fortpflanzen. Und das ging so: Die beiden Tierchen, Sleeping Beauty-1 und Sleeping Beauty-2 (Sb-1 und Sb-2), also Dornröschen-1 und -2, wie die Forscher sie tauften, wurden in zwei getrennte Vertiefungen einer Petrischale gelegt, um beobachtet und gefüttert zu werden. Im Verlauf des Experiments wurde dann ein Ei gefunden. Die Forscher setzten es in eine dritte Vertiefung und nannten es SB-3. In jede Vertiefung gaben sie Agar-Gel (eine geleeartige Substanz, die in der Molekularbiologie verwendet wird), Mineralwasser und (Chlorophyll enthaltende) Algen der Gattung Chlorella. Einmal pro Woche wurden die Zutaten erneuert. Im Laufe der Zeit wurden weitere Eier gefunden, aus denen allesamt Larven schlüpften.

Christine erinnert an die Untersuchungen, die eine italienische Forschungsgruppe an der Universität Mailand-Bicocca gemeinsam mit Kollegen der (staatlichen) Universität Mailand und der Bayerischen Akademie der Wissenschaften durchführten. Dabei unterzogen sie superglaziale Sedimente und deren «Bewohner» erstmals einer massenhaften DNA-Sequenzierung. Wie sich bei den Analysen zeigte, nutzen die Bakterien, die die Gletscher der Lombardischen Alpen, den Baltoro-Gletscher in Pakistan und die Gletscher Kaschmirs besiedeln, nicht nur zwei, sondern sogar vier Stoffwechselwege, um sich das Notwendige für ihr Wachstum zu beschaffen: neben der Photosynthese (bei der mithilfe von Sonnenlicht aus Kohlendioxid Glukose aufgebaut und dabei Sauerstoff frei wird) und der Zellatmung (bei der zur Energiegewinnung organisches Material mit Sauerstoff «verbrannt» und dabei Kohlendioxid abgeschieden wird) auch die Oxidation von Kohlenmonoxid und ein photosynthetischer Stoffwechsel, der keinen Sauerstoff erzeugt. Wie weitere Forschungen zudem ergaben, enthält das Genom der Tardigrada mehr Fremd-DNA als das jeder anderen bekannten Spezies. Kurz gesagt, bedeutet dies, dass ein Teil ihres Erbguts nicht von Vorfahren, sondern von Pflanzen, Bakterien und Pilzen stammt!

Fasziniert blicke ich nochmals auf den Grund der Löcher, obwohl ich mit bloßem Auge fast nichts erkenne. In den Kryokonitlöchern leben nicht nur Bärtierchen, sondern zahlreiche weitere Arten ebenso beeindruckender Organismen, durch die sich die Antarktis und Grönland wesentlich unterscheiden. Am Südpol bleiben die Kammern im Eis mitunter über Jahre bestehen, überdauern unbeschadet den Wechsel der Jahreszeiten und fungieren so als ein kleines Experimentierfeld für das Leben unter Extrembedingungen. Mancherorts schirmt Eis den Grund der zylindrischen Löcher gegen die Sonnenstrahlung ab, sodass keine Photosynthese stattfinden kann.

Die Existenz der dort ansässigen Lebensformen, die sich von den uns bekannten unterscheiden, hängt vom Stoffwechselprozess der sogenannten *bakteriellen Chemosynthese* ab. Im Gegensatz zur Photosynthese beruht er auf chemischen Reaktionen, die die notwendige Energie liefern, um organische Substanzen aufzubauen. Vereinfacht gesagt, sind die Kleinstlebewesen, die auf diese Prozesse setzen, vollständig autonom und autark und sichern sich ihren glücklichen Fortbestand in totaler Isolation. Neueste Forschungen deuten zudem darauf hin, dass auf anderen Planeten ganz ähnliche Umweltbedingungen herrschen, wie wir sie in diesen arktischen und antarktischen Landschaften vorfinden. Die Gletscher und Polkappen zeichnen sich durch extreme Verhältnisse aus, nicht nur wegen ihrer Isolation und Kälte, sondern auch, weil sie einer besonders intensiven Ultraviolettstrahlung ausgesetzt sind – Verhältnissen, die stark denen auf vereisten Planeten wie dem Mars oder entsprechenden Monden wie Europa, einem Trabanten des Jupiter, ähneln.

Europa (1610 von Galileo Galilei entdeckt) ist nur geringfügig kleiner als unser Mond, besteht hauptsächlich aus Silikat und ist von einer äußeren Kruste aus gefrorenem Wasser ummantelt. Die biologischen Mikrosysteme, die wir im Eis vorfinden, fungieren so als echte «natürliche Laboratorien», die uns helfen können, besser zu verstehen, unter welchen Bedingungen sich außerirdisches Leben entwickelt haben könnte. Deswegen sind sie von grundlegender Bedeutung für den Forschungszweig der Astrobiologie, der sich mit außerirdischem Leben (oder dessen Möglichkeit) befasst. Ein Beispiel dafür sind die jüngsten NASA-Marsmissionen oder der neuerliche Wettlauf im All, um unser Sonnensystem eingehender zu erkunden. Dank neuer Initiativen und Anreize – und natürlich Finanzierungen – auf europäischer Ebene und von Ländern wie China bieten sich in letzter Zeit immer mehr Chancen und Gelegenheiten, um die Forschung auf diesem Gebiet weiter voranzutreiben.

Ich halte einen Moment inne und betrachte den Himmel. Wenn wir nachts zu den Sternen hinaufschauen, verzaubert von dem unbekannten Universum über uns, fragen wir uns oft, ob es dort oben (oder dort unten) tatsächlich Leben gibt – eine Form von Leben, die der unseren ähnelt. Eins wissen wir zumindest: Wenn wir das nächste Mal, angetrieben von wissenschaftlicher Neugierde, in die Sterne blicken, können wir auf das zurückgreifen, was uns diese faszinierenden winzigen «Ungetüme» gelehrt haben. Ihre ganze Magie liegt in dem großen Geheimnis verborgen, das sie – und auch uns mit Milliarden anderer Organismen – auf diesem Planeten umgibt, der seine Bahnen durch den Kosmos zieht.

Das ist allerdings nicht mein einziger Gedanke. Die Kryokonitlöcher begünstigen das Abschmelzen des Eises, weil sie wegen der dunkel gefärbten Ablagerungen mehr Sonnenstrahlung absorbieren. Der Existenz dieser Löcher sind Grenzen gesetzt, da sie von Wasser in flüssiger Form abhängen: Je stärker das Eis abschmilzt, desto besser gedeiht in ihnen das Leben. Aber mit dem Schwund der Gletscher, in dem sich der Kryokonit angesammelt hat, verschwindet mit dem abfließenden Wasser auch er selbst. Und auch hier spielt der Klimawandel eine Rolle: Je weiter die Gletscher abtauen, desto weniger halten sich Kryokonitlöcher, sodass die in ihnen entdeckten Lebensformen zunehmend verschwinden. Aber auch das Gegenteil ist möglich: dass sich die Löcher nämlich desto stärker vermehren, je mehr Schmelzwasser vorhanden ist. So stoßen wir bei der Aufdeckung des Geheimnisses auf ein weiteres Rätsel, das noch der Lösung harrt.

8. EIN POLARKAMEL

Endlich erreichen wir das Basislager. Es ist Abend geworden, wir haben einen langen und streckenweise anstrengenden Tag hinter uns. Meine Müdigkeit spüre ich erst, als ich stehen bleibe. Aber ich bin zufrieden. Erst wenn man sich in Ruhe die gesammelten Daten anschaut, bemerkt man, wie sehr es sich gelohnt hat, all diese Instrumente und Geräte mit sich herumzuschleppen.

Unser Rückweg hat uns lange über «Altschnee» geführt, über *Firn*, wie ihn die Fachwelt nennt, diese körnige Schicht, die sich auf den Gletschern ablagert. Altschnee befindet sich gewissermaßen in der Übergangsphase vom Schnee zu dem Eis, das dann die blaue Fläche bildet, über die wir staunend gewandert sind. Wir haben an mehreren Stellen haltgemacht und rastlos wie nach einem Schatz im Schnee gegraben, um mit unseren Instrumenten dessen Eigenschaften zu messen. Und Schnee ist für uns ja tatsächlich ein Schatz. In ihm liegen Grönlands Geschichte und Zukunft verborgen.

Endlich können wir die schweren Rucksäcke ablegen und aus den Sicherungsgurten schlüpfen. Mit jeder

«Schicht», die ich loswerde, ist die Erleichterung so groß, dass mich das Gefühl überkommt, beinahe über dem Eis zu schweben. Jemand denkt schon ans Abendessen, aber es ist noch zu früh: Wir müssen erst einige Geräte wegräumen, die Instrumente peinlich genau auf mögliche Schäden überprüfen und sie wieder in den Spezialkoffern verstauen, damit sie vor der Witterung geschützt sind, wenn sie die ganze Nacht wie treue Wachhunde vor unseren Zelten ausharren.

Ich beuge die Knie, um das leicht schmerzhafte Ziehen loszuwerden, das bis ins Bein ausstrahlt. Mich wieder aufzurichten, kostet große Mühe, ich fühle mich aber etwas besser. Als ich mich umwende, sehe ich, wie Ian in einer Yogahaltung auf dem Kopf auf dem Eis ausharrt und die Beine in die Höhe streckt. Irgendwie versucht jeder, sein Körpergefühl zurückzugewinnen. Schmunzelnd schieße ich ein Foto von ihm mit dem Gedanken daran, dass ich es unter die Dias schmuggeln werde, die wir am Ende unserer Präsentation zeigen wollen, verbunden mit der Aufforderung, die Welt unter verschiedenen Blickwinkeln zu betrachten. Ian lächelt mich ahnungslos an, mit der diskreten Art des englischen Gentleman, der er sogar noch im Kopfstand treu bleibt.

Unsere Hände schmerzen von den Dutzenden feinster Schnitte, die wir uns trotz der Handschuhe zugezogen haben. Der grönländische Schnee ist weniger flockig als der gewohnte in unseren Bergen. Die Eiskristalle sind größer, härter, spitzer und schärfer. Die kleinste Unachtsamkeit –

wenn man einen Handschuh auszieht, ein Riss im Gewebe oder wenn man den Schnee einfach mit bloßen Händen berührt – hat unangenehme Folgen. Die winzigen Schnitte sind zunächst gar nicht spürbar, weil die Haut von der Kälte schnell taub wird, doch kaum wärmen sie sich auf, macht sich ein lästiges Brennen bemerkbar, das uns über die nächsten Tage begleitet.

Ich schaue mir unsere Messergebnisse immer wieder an. Diese alte Gewohnheit ist inzwischen zu einem Ritual geworden. Wir Forscher suchen immer nach etwas, das nicht passt, einer Besonderheit oder einem Detail, das Fragen aufwirft oder irgendwie Zweifel weckt. Paradoxerweise vertrauen wir dem Zweifel mehr als der Gewissheit. Als Perfektionisten müssen wir unsere Gedanken und Ergebnisse so lange Härtetests unterziehen, bis wir auf eine Bruchstelle stoßen (und falls wir keine finden, dürfen wir uns über einen Erfolg freuen).

Die Klimamodelle sind ein gutes Beispiel. Diese Projektionen dienen dazu, möglichst wirklichkeitsnah den «Gesundheitszustand» unseres Planeten darzustellen, oder besser, die Prozesse, welche die Abläufe in seinen Systemen steuern. Mit ihnen versuchen wir nachzuvollziehen, was in der Vergangenheit passiert ist, und vorherzusehen, was die Zukunft bringt – wie in einer Kristallkugel, nur eben digital und mit wissenschaftlichen Methoden. Dank der Klimamodelle können wir unter anderem mehr oder weniger genau abschätzen, wie stark die Temperatur auf der Erde ansteigen wird, wenn wir weiterhin Kohlendioxid in die Erdatmosphäre pumpen, und was dann mit den Eisflächen, den Wäldern, dem Schnee, den Wolken und so weiter geschieht. Die Modelle können aufklären und simulieren, welche Verhältnisse auf unserem Planet in ferner Vergangenheit herrschten, welche – mitunter chaotischen – Abläufe sich in der Gegenwart vollziehen und was in einer erst noch zu prognostizierenden Zukunft geschieht. Sie liefern uns belastbare Hinweise darauf, wie die Erde vor Millionen Jahren ausgesehen hat, zu einer Zeit, als der Boden des heutigen New York noch von einer dicken Eiskappe bedeckt war.

Klimamodelle können allerdings nicht die genauen Auswirkungen eines Sturms vorhersagen, der in wenigen Tagen an unseren Küsten eintreffen soll. Deswegen behaupten manche Kritiker – auch Klimawandel-Leugner –, dass es unmöglich sei, mit Simulationen zu prognostizieren, welche Verhältnisse auf der Erde in hundert oder tausend Jahren herrschen werden. Ein Beispiel kann dieses Missverständnis ausräumen: Dazu stelle man sich das Klimamodell als ein Instrument vor, das vorhersagt, wann Wasser in einem Topf auf einer Herdplatte zu kochen beginnt. Die Thermodynamik (die Wissenschaft, die sich mit der Übertragung und Ausbreitung von Wärme befasst) liefert uns die Gleichungen, anhand derer wir unsere Schätzungen vornehmen könnten. Heute würde niemand in Zweifel ziehen, dass ein Wissenschaftler (oder auch ein Student der Physik oder Ingenieurswissenschaften im zweiten Studienjahr) diese Prognose mit einer bestimmten Genauigkeit errechnen kann. Wollten wir dagegen präzise vorhersagen, wie sich jedes einzelne Bläschen verhält, das sich im Topf bildet, wenn das Wasser zu kochen beginnt, würden wir kläglich scheitern: Klimamodelle arbeiten mit den gleichen Gleichungen wie die Thermodynamik: Sie erstellen Prognosen dazu, was mit dem «System» Erde als Ganzem, aber nicht, was mit den einzelnen Bläschen geschieht.

Wissenschaftler vertrauen natürlich nicht blind auf die Perfektion ihre Modelle, Daten oder anderer Mittel in der Wissenschaft. Den vielen funktionierenden Modellen stehen andere gegenüber, die in der Praxis versagen. Der schlimmste Fehler besteht darin, eine Hypothese als gesichert anzusehen. Es kommt vor, dass wir alle, auch im Alltagsleben, Vorstellungen und Behauptungen allein deshalb als richtig akzeptieren, weil sie fest in unserer Kultur verankert sind. Immer wenn wir uns in der Wissenschaft bei Beobachtungen oder Analysen sagen: «Das ist eben so» oder: «Das ist doch altbekannt», oder wenn wir, noch banaler, einen Einwand mit dem Hinweis beiseitewischen, dass dies doch jeder wisse, begehen wir einen Fehler.

Dazu sei an das Konformitätsexperiment des Psychologen Solomon Asch erinnert. Asch zeigte 1958 einer Gruppe von Personen eine Reihe unterschiedlich langer Linien und bat sie einzuschätzen, welche davon die gleiche Länge wie eine Referenzlinie hatte, die sie gesondert zu sehen bekamen. Über die Hälfte der Probanden wusste nicht, dass sie an einem psychologischen Experiment teilnahmen, sie glaubten vielmehr, es handele sich um einen Sehtest. Alle anderen waren Mitarbeiter Aschs. Auf sein Geheiß änderten diese mit der Zeit ihre Ansicht, und zwar wechselten sie von der richtigen zu einer falschen Einschätzung, um die ahnungslosen Teilnehmer zur Änderung ihrer Meinung zu bewegen. Am Ende entschieden sich viele, die zunächst die richtige Antwort gegeben hatten, für die falsche, beugten sich also dem Gruppendruck. Dieses Verhalten, so erklärte Asch, offenbart den gesellschaftlichen Konformismus, dem wir alle unterliegen. Entstanden ist es wahrscheinlich in einer Zeit, in der sich unsere fernen Vorfahren zu Gruppen und Gemeinschaften zusammenschlossen und Wissen auszutauschen begannen, das die Nahrungssuche erleichterte und besseren Schutz ermöglichte. Ein rein empirisches Wissen.

Ein weiteres anschauliches Beispiel dafür, wie schwer es fällt, sich von kollektiven Überzeugungen zu trennen, liefert die Geschichte vom «Polarkamel». Seitdem ich sie vor einiger Zeit in einer Talkshow gehört habe, geht sie mir nicht mehr aus dem Kopf. Wir sind so sehr gewohnt, Kamele mit Wüsten in Verbindung zu bringen, dass die Rede von einem arktischen Vertreter dieser Familie wie ein Widerspruch an sich klingt. Aber wieder einmal unterzieht die Realität unser Vorstellungsvermögen einer harten Probe und belehrt uns eines Besseren.

Im Jahr 2006 arbeitet die kanadische Paläobiologin Natalia Rybczynski, eine der bekanntesten Experten bei der Erforschung prähistorischen Lebens, als Wissenschaftlerin für das Canadian Museum of Nature. Auf einer ihrer zahlreichen Expeditionen nördlich des arktischen Polarkreises reist sie in die kanadische Tundra, die reich an Fossilien ist. Eines Tages sieht sie ein Gebilde am Boden liegen, das auf den ersten Blick nichts Interessantes verspricht: Rötlich gefärbt und so groß wie eine Handfläche, ähnelt es einem Holzsplitter. Sie hebt es trotzdem auf, weil das fragliche Gebiet für Relikte prähistorischer Pflanzen bekannt ist. Ins Basislager zurückgekehrt, denkt sie erneut über dieses Objekt nach: Irgendetwas stört. Sie begibt sich folglich ins Labor und macht sich daran, es in geduldiger Kleinarbeit eingehend zu untersuchen. Schließlich weiß sie, was mit dem rätselhaften Fundstück nicht stimmt: Es ähnelt deutlich stärker einem Knochen als einem Holzstück. In den nachfolgenden vier Jahren reist Natalia mehrfach erneut in die Region und kehrt jedes Mal mit ähnlichen Fragmenten zurück. Am Ende hat sie eine Sammlung von insgesamt gut dreißig Stück zusammen, alle in unterschiedlichen Größen. Allmählich erkennt sie ein Muster, ahnt, dass sich hinter ihnen etwas verbirgt, das sich als besonders wichtig erweisen könnte. Aber vorerst hat sie ein anderes Problem: Wie bringt man Ordnung in solche Teile? Und wie lassen sie sich zusammensetzen?

Das Puzzle zusammenzusetzen erweist sich als schwierig. Es braucht nicht nur technischen Sachverstand, um Einzelteile, die so stark einander ähneln, zu etwas Ganzem zusammenzufügen, sondern auch großes handwerkliches Geschick, so zerbrechlich und klein sind die Fragmente. Natalia setzt auf einen 3-D-Scanner und schafft es tatsächlich, sie wieder zu einem einzigen Stück zusammenzusetzen. Und ihre Intuition hat sie nicht getrogen: Es ist kein Pflanzenteil, sondern ein Knochen, genauer ein Schienbein, aber nicht irgendeines. Ihr Expertenauge verrät Natalia sofort, dass es sich um das eines Huftiers handelt. Es könnte von einer Kuh oder sogar einem Schaf stammen, aber einige Details deuten darauf hin, dass die Antwort anders ausfallen muss: Das Schienbein ist einfach zu groß. Es braucht einen weiteren Test. Jetzt greift Natalia zu einer anderen, geradezu rabiaten Vorgehensweise: Sie nimmt einen Einschnitt vor.

Kaum hat sie ein kleines Fragment aus dem Schienbein angeschnitten, fällt ihr ein vertrauter Geruch auf: Dieser begleitete sie in den zahllosen Stunden im Anatomieunterricht, in denen sie Schädel jeder Art seziert hat: Kollagen, der wichtigste Bestandteil von Bindegewebe, eines der vier Grundgewebe, aus denen sich tierische Körper zusammensetzen.

Wer auf diesem Gebiet arbeitet, weiß sehr gut – und hat gewöhnlich auch im Feld erlebt –, dass sich Bindegewebe nach geologischen Maßstäben ziemlich schnell zersetzt (binnen Jahren oder Jahrzehnten). Aber mit dem Schienbein, dessen Fragmente Natalia entdeckt und zusammengesetzt hat, war etwas ganz Merkwürdiges geschehen: Die Arktis hatte wie eine große natürliche Tiefkühltruhe das enthaltene Kollagen bestens konserviert.

Jahre vergehen. Natalia genießt in der Wissenschaftswelt inzwischen noch größeres Ansehen: 2007 hat sie mit zwei Kollegen einen Flossenfüßer aus dem Unteren Miozän (von vor rund 20 Millionen Jahren) entdeckt, eine Art prähistorische Robbe, deren Skelett zu zwei Dritteln rekonstruiert werden konnte. Auf die Knochen war sie in Nunavut gestoßen, dem größten Territorium im Norden Kanadas, das den Großteil des kanadischen arktischen Archipels umfasst. Scherzhaft bedachten die Forscher das Fossil mit dem Spitznamen «Bacon», nach dem Schinkenspeck, der in der angelsächsischen Küche allgegenwärtig ist und den sie im Eis in rauen Mengen zu sich nahmen. Es erhielt – mit *Puijila darwini* – natürlich auch eine wissenschaftliche Bezeichnung. Das erste Wort bedeutet in Inuktitut, der Sprache der Inuit in Kanada, «junges Meerestier», das zweite ist eine Hommage an Charles Darwin.

Der Fund dieses prähistorischen Flossenfüßers hat Natalie für ihre Studien und Forschungen bessere Möglichkeiten (und mehr Geld) sowie mehr Aufmerksamkeit in der Wissenschaftswelt verschafft. Mehrere Jahre später lernt sie auf einer Konferenz einen Kollegen kennen: Beide unterhalten sich viel, diskutieren und tauschen Daten aus. Der Kollege macht sie mit den Ergebnissen einer neuen Methode, dem sogenannten Fingerabdruck des Kollagens, bekannt. Und dies wird zum Wendepunkt in unserer Geschichte.

Tatsächlich haben die Wissenschaftler entdeckt, dass verschiedene Tierarten Unterschiede in den Kollagenstrukturen aufweisen, auch wenn diese nur geringfügig und zuweilen kaum feststellbar sind: Aber sie kennzeichnen sie wie ein Fingerabdruck. Dank neuer Techniken lassen sich die Ergebnisse der Kollagenanalyse an einem unbekannten Knochen mit denen bekannter Tierarten vergleichen, um die Spezies zu identifizieren, von welcher der Knochen stammt. In Absprache mit dem Kollegen, den sie neu kennengelernt hat, und den Forschern ihres Teams beschließt Natalia folglich, ein Probestück des 2006 gefundenen Schienbeins einer Kollagenuntersuchung zu unterziehen.

Das Ergebnis verblüfft. Der prähistorische Knochen stammt nicht nur aus einer sehr frühen Zeit (von vor rund dreieinhalb Millionen Jahren), sondern auch noch von einer Spezies, von der sich niemand vorgestellt hätte, dass sie in einer heute von Eis bedeckten Region vorkam: von einem Kamel. Natürlich nicht von einem, wie wir es heute kennen. Diese Art, die einst in der Polarregion lebte, war fast drei Meter hoch und rund eine Tonne schwer, aber mit unserem «Wüstenschiff» immerhin entfernt verwandt. Ihre Hartnäckigkeit hatte Natalia mit der Entdeckung des bislang unbekannten «arktischen» oder, wenn man so will, des «Polarkamels» belohnt.

Wenn wir von «Kamel» reden, denken wir zuerst an die Vierbeiner, denen man im Orient und in Zentralasien begegnet, und verwechseln es womöglich sogar mit seinem Halbbruder, dem Dromedar. (Der Unterschied ist aus der Schulzeit vielleicht noch bekannt: Das Kamel, auch Trampeltier genannt, hat zwei, das Dromedar nur einen Höcker.) Wer nur in Südamerika gelebt hat, denkt vielleicht an das andine Lama. Aber wohl niemand würde ein Kamel in einer polaren Eislandschaft verorten.

Wie also kam ein Kamel an den Nordpol? Wie Gelehrte schon vor längerer Zeit entdeckten – und zahlreiche Forschungen in den letzten Jahrzehnten bestätigten –, stammen Kamele in Wahrheit ursprünglich vom nordamerikanischen Kontinent, auf dem sie die meiste Zeit in ihrer mehrere Millionen Jahre umfassenden Geschichte lebten. Sie (und weitere verbreitete Tierarten wie zum Beispiel das Pferd) wanderten von dort nach Eurasien ein, über die Beringstraße, die in prähistorischer Zeit noch eine Landbrücke namens *Beringia* war, über die von Asien aus wahrscheinlich auch die ersten Menschen nach Amerika gelangten.

Die ersten (unter dem Namen *Protylopus* bekannten) Kamele lebten in Nordamerika vor 40 bis 50 Millionen Jahren. Laut einiger Studien durchliefen sie in der Spätphase des Oligozäns (vor 34 bis 23 Millionen Jahren) und im Unteren Miozän (vor rund 20 Millionen Jahren) eine rapide Weiterentwicklung und differenzierten sich in einzelne Gattungen mit unterschiedlichen anatomischen Merkmalen aus. Dabei entstanden Kamele mit kurzen Gliedmaßen und schlanken Körpern ähnlich Gazellen oder Giraffen. Ihre große Vielfalt verringerte sich in Nordamerika allmählich bis auf wenige Spezies, die dann vor rund 11 000 Jahren ausstarben. Die Vorfahren der heute bekannten Kamele stammen von *Paracamelus,* einem inzwischen ausgestorbenen Geschöpf, ab, überquerten die Beringstraße und trafen vor rund 7 Millionen Jahren in Asien ein. Der Großteil der Gattung *Paracamelus* lebte eine Zeitlang in Nordamerika weiter, während *Camelops,* eben der Vorfahr der Wüstenkamele, sich an seine neuen Lebensräume anpasste.

Wissenschaftler – vor allem Paläontologen – überrascht es folglich keineswegs, wenn sie im weiten Territorium Nordamerikas auf Überreste eines Kamels stoßen. Aber bislang hatte noch niemand die Überreste eines solchen Tieres so nahe am Nordpol entdeckt (und nicht einmal vermutet oder sich vorgestellt, dass so ein Fund möglich sein würde). Vor 3 Millionen Jahren, in der erdgeschichtlichen Periode des Pliozäns, herrschte auf der Erde ein um 2 bis 3 Grad wärmeres Klima als heute, mit Meeresspiegeln, die bis zu 25 Meter höher lagen. In dieser Zeit waren die Kontinente noch anders verteilt. Als dann der nord- und der südamerikanische Kontinent zusammenstießen, änderten sich die Meeresströmungen, sodass der Atlantische Ozean abkühlte. Gleichzeitig entstand durch die Annäherung von Europa und Afrika das Mittelmeer. Aber soweit wir wissen, war die Arktis auch in damaliger Zeit eine eisige Region mit Schneestürmen, frostigen Temperaturen, zugefrorenen Seen und Flüssen sowie langen Winterperioden, in denen es an den meisten Tagen stockdunkel blieb. Also bleibt die Frage: Wie schaffte es ein Tier wie das Kamel, in einer solchen Umgebung zu überleben?

Natalia und ihre Kollegen meinen eine Antwort gefunden zu haben. Anhand von Analysen des Körperbaus heutiger Kamele gelangten sie zu einer faszinierenden Hypothese: Ebenjene Eigenschaften, mit denen sich «unser» Kamel an Umgebungen wie die Sahara angepasst hat, könnten sich ursprünglich – aus Sicht der Evolution – auch als nützlich erwiesen haben, um arktische Winter zu überstehen. Die großen Sohlen der Füße könnten die Fortbewegung nicht nur über Dünen und Sand, sondern – wie prähistorische Schneeschuhe – auch über verschneite Böden erleichtert haben. Und der berühmte Höcker, der entgegen der landläufigen Meinung kein Wasser, sondern Fett speichert, könnte dem Kamel vor Millionen Jahren ebenfalls dazu gedient haben, durch die lange Winterperiode zu kommen, in der Nahrung und Licht knapp waren.

Dies sind bislang nur Hypothesen, aber neuere Forschungen sagen uns, dass sich das Kamel durchaus erst nach vielen Jahrtausenden und der Abwanderung in wärmere Gefilde (mit seinen breiten Füßen und dem Höcker) allmählich an Wüstenregionen angepasst haben könnte. Auch wenn es absurd erscheint, könnten gerade diese beiden wichtigsten seiner Merkmale den Beweis – oder zumindest ein handfestes Indiz – dafür liefern, dass das Kamel aus einer arktischen Tierart hervorgegangen ist.

Diese Geschichte offenbart uns nicht nur die Ursprünge des Kamels, das als Spezies eine Wanderschaft hinter sich hat – und allgemeiner, dass neue Umgebungen die evolutionäre Weiterentwicklung vorantreiben –, sie verändert auch unseren Blick auf die Arktis: Auf der großen Bühne des Lebens auf der Erde ist sie keine am Rand stehende Statistin mehr, sondern eine wichtige Akteurin. Vor allem aber lehrt Natalias Entdeckung, wie wichtig es ist, in jeder Lebenslage einen kritischen Geist zu wahren, auch und vor allem bei Ideen, Annahmen und vermeintlichen Erkenntnissen, die wir vorschnell als gesichert hinnehmen.

Vorsicht allerdings: Ein geschulter kritischer Geist hat nichts mit mentaler Kurzsichtigkeit und dem Leugnen erwiesener wissenschaftlicher Fakten zu tun. Im Gegenteil, er fördert die geistige Offenheit, die Aufgeschlossenheit gegenüber neuen und anderen Ideen mit der Bereitschaft und Fähigkeit, mögliche «neue Wahrheiten» zu akzeptieren. Ob wir über Wissenschaft oder Philosophie, Religion oder Geschichte reden, wir sollten Natalia und das Polarkamel stets im Gedächtnis behalten und uns daran erinnern, dass schon ein winziges Fragment, das in seiner Unscheinbarkeit leicht zu übersehen ist, festgefügte Anschauungen über den Haufen werfen kann.

Daran dachte ich, als ich die ausgedehnte Gletscherlandschaft vor mir betrachtete, nachdem ich alle unsere Daten abgespeichert hatte. Unwissenheit kann überwunden werden. Man muss sich nur von «absoluten Wahrheiten» verabschieden und Raum für Forschung schaffen, immer und überall.

Die Welt ist ein Ort des ständigen Wandels, alles ist im Fluss, auch und vor allem die Anschauungen.

9. EIN KOSMOS UNTER DEM BRENNGLAS

Das Abendessen-Ritual hat begonnen. Der erste entscheidende Schritt: Eis schmelzen, weil wir natürlich Wasser brauchen. Wir zünden die Campingkocher an. Wir haben sie auf den Aluminiumtisch gestellt, der für unsere Mission so wichtig ist wie unsere hochmodernen Geräte. Seine Beine haben wir gut im Eis verankert, damit er möglichst eben und sicher steht. Wir schütten das wenige verbliebene Wasser aus unseren Flaschen in den Topf. Ein alter Trick beim Campen, der das Eis schneller schmelzen lässt und unsere Gasvorräte schont. Das Wasser überträgt die Hitze der Flamme effizienter auf das Eis, indem die H_2O-Moleküle in den Eiskristallen durch die Aufnahme kinetischer Energie in schnelle Bewegungen geraten.

Ich betrachte im Topf den Eisbrocken, den wir aus dem Gletscher herausgehackt haben, und denke darüber nach, wann er wohl entstanden sein könnte. Eine genaue Festlegung ist schwierig, weil Eis in Bewegung, im Fluss ist und sich seine verschiedenen Schichten durchmischen: Eis lebt. Es könnte sich gebildet haben, als Hannibal die Alpen überquerte, oder vielleicht schon früher, als die ersten

Menschen (oder besser Hominiden) ihren langen Marsch durch die Kontinente antraten, von dem aus die Besiedlung der gesamten Erde ihren Anfang nahm.

Ich beobachte, wie das Eis langsam schmilzt, und stelle mir eine Sekunde lang vor, dass das in ihm enthaltene Gedächtnis jetzt wie in einer Zeitmaschine in seinen Urzustand zurückkehrt. Die chemischen Bestandteile, die wir auf Expeditionen gewöhnlich für Datierungen nutzen, lösen sich vor meinen Augen in einem thermodynamischen Tanz auf, berauscht von der Energie, die sie von der Flamme erhalten – und verlieren dabei für immer ihre Identität.

Und was ist mit mir? Wie viele Erinnerungen aus verschiedenen Leben, manche erträumt, andere erlebt, vermischen sich in mir?

Mit einem Schulterklopfen holt mich Patrick in die Realität zurück. Lächelnd sagt er mir, dass ihn der Eisbrocken im Topf an die Linse eines Teleskops erinnere. Er nimmt ein kleines Stück Eis in die Hand und blickt mich durch dieses imaginäre Fernrohr an, das sein vergnügtes Gesicht von der anderen Seite her gesehen ganz verzerrt erscheinen lässt. Ich muss auch lachen. Ob er eigentlich wisse, frage ich ihn, dass die Polkappen tatsächlich zur Beobachtung des Universums genutzt wurden? Verblüfft, interessiert und leicht verwirrt schaut er mich an. Ich nicke und setze mich: Obwohl ich müde bin, komme ich um eine Erklärung nicht herum. Außerdem haben wir bis zum Abendessen noch genug Zeit.

Ganz neue und grundlegende Erkenntnisse über die Entstehung unseres Universums verdanken wir zum Teil Teleskopen, die über oder unter den Polkappen installiert sind. Ja, tatsächlich, *unter ihnen.*

Grönland kann sich rühmen, dass es an der Nordwestküste, nahe dem US-Militärflugplatz Thule, ein Radioteleskop mit einer Antenne von gut zwölf Metern Durchmesser beherbergt, errichtet 2017 als Teil eines globalen Verbundes – des Event Horizon Telescope (EHT) –, dem auch das berühmte Atacama-Observatorium (ALMA) in Chile angehört. Das EHT ist ein ehrgeiziges internationales Projekt mit dem Ziel, Schwarze Löcher zu erforschen. Diese Himmelsobjekte sind für die Astrophysik ein riesiges Problem, weil sie wegen ihrer gewaltigen Schwerkraft so gut wie keine elektromagnetische Strahlung nach außen entkommen lassen. Nicht zufällig versuchen Astronomen, zu ihrer Erforschung ihren Schatten zu «beobachten». Und genau dies hat sich das Projekt EHT vorgenommen: Aufnahmen von zwei Schwarzen Löchern zu erstellen, das eine davon im Zentrum unserer Milchstraße (mitten in ihr sitzt ein gewaltiges Schwarzes Loch) und ein noch größeres im Zentrum einer Galaxie in unserer Nähe, das nach dieser M87* benannt wurde. Weitere Teleskope, zum Beispiel die in Chile und auf Hawaii, spähten in dieselbe Richtung. Dabei wurden die Daten sämtlicher Teleskope des EHT-Projekts zusammengeführt, um aus ihnen abschließend die Bilder zu erzeugen. Auch dank des Teleskops in der Antarktis ist so im Jahr 2019 etwas gelungen, das bislang unmöglich erschien: ein Schwarzes Loch zu fotografieren, mit allen (wissenschaftlichen oder anderen) Folgen, die sich daraus ergeben.

Warum gerade Grönland? Patricks Frage ist durchaus berechtigt. Tatsächlich wurde die Insel aus gutem Grund ausgewählt. Um seinen Zweck zu erfüllen, muss das Teleskop in einer Umgebung mit extrem niedriger Luftfeuchtigkeit stehen, wie wir, wenn wir möglichst weit in die Ferne schauen wollen: An einem diesigen Tag sehen wir nur bis zu den nächsten Häusern, während wir bei starkem Wind und trockener Luft problemlos bis in große Entfernungen blicken können. Auf unserem Planeten bieten nur wenige Standorte Umweltbedingungen, die für eine derartige Himmelsbeobachtung notwendig sind, darunter die Höhen des grönländischen Eisschilds.

Noch faszinierender sind freilich die Forschungen auf der gegenüberliegenden Seite der Erde: Das South Pole Telescope (SPT) in der Antarktis ist ein Radioteleskop mit einem Antennendurchmesser von zehn Metern. Es steht in der Nähe der Amundsen-Scott-Südpolstation und ist für Beobachtungen des Universums im Spektrum der Mikrowellen ausgelegt (ja, genau die, mit denen wir Essen kochen und aufwärmen, wenn es schnell gehen muss). Anstatt Schwarze Löcher auszuforschen, lauscht es dem Himmel ab, was von der Explosion, aus der unser Universum hervorging, übrig geblieben ist: vom Urknall. Laut der Big-Bang-Theorie war das Universum beim Urknall auf einen winzigen Punkt, kleiner als ein Atom, konzentriert. Mit Sicherheit sagen können wir als Einziges, dass es – in dieser allerersten Phase – aus einem ultraheißen Energiekonzentrat bestand, in dem Zeit und Raum, wie wir sie heute kennen, noch nicht existierten. Diese Phase währte so kurz, dass sie selbst mit unseren modernsten Instrumenten nicht messbar wäre: 10^{-36} Sekunden, also 0,000000000000000000000000000000000001 Sekunden. Um nur eine Vorstellung von der Winzigkeit dieser Zahl zu geben: Die modernen Atomuhren (die zu den präzisesten Instrumenten der Welt zählen) können die Zeit mit einer Präzision von «nur» 0,000000001 Sekunden messen.

Auf diese Phase folgten mehrere weitere, beginnend mit der Inflation, in der sich unser Universum gigantisch aufblähte, worauf es fortschreitend auskühlte und schließlich die Gravitation auf den Plan trat, durch die sich im Verlauf vieler Milliarden Jahre Materie zu Sternen und Galaxien zusammenballte.

Bei der Erforschung der Inflation kommt das antarktische Teleskop ins Spiel. Mehreren Kosmologen zufolge wurde das Universum in dieser Phase von einer Fülle von Gravitationswellen erschüttert. Als sie durch das Universum hindurchliefen, geriet es wie beim Anschlagen einer Trommel oder dem Zupfen einer Gitarrensaite in Schwingung. Der Nachhall dieser Schwingungen verhält sich ähnlich wie die sich ausbreitenden Stoßwellen einer Explosion oder wie die Wellen, die über die Wasseroberfläche eines Sees laufen, wenn wir einen Stein hineingeworfen haben.

Eine Methode zur Überprüfung der Urknalltheorie besteht darin, dieses Echo der Gravitationswellen auf experimentellem Weg nachzuweisen. Auf den ersten Blick erscheint dies unmöglich – aber hat die Wissenschaft in ihrer langen Geschichte nicht schon zahlreiche Dinge geschafft, die die Zeitgenossen für unerreichbar hielten? 2014 dann verkündete eine Gruppe von Forschern, es sei ihnen gelungen, primordiale Gravitationswellen mithilfe zweier Teleskope zu detektieren, mit dem BICEP2-Array (Background Imaging of Cosmic Extragalactic Polarization, ein Experiment zur Messung der Polarisierung der kosmischen Mikrowellenhintergrundstrahlung) und dem Keck-Array, die beide in der Antarktis stehen. Die Meldung ging als wissenschaftliche Sensation um die ganze Welt.

Leider entpuppte sie sich als Illusion, eine galaktische Fata Morgana, die sich schnell wieder in Luft auflöste. Rasch folgte ein Dementi, und wenige Monate danach war von dem, was als eine der größten Entdeckungen aus neuerer Zeit hätte gefeiert werden sollen, keine Rede mehr. Ein europäisches Forschungsteam hatte Daten des Planck-Satelliten ausgewertet und so nachgewiesen, dass das von BICEP detektierte Signal nicht von der Inflation des Universums, sondern zu einem Großteil (wenn nicht vollständig) von interstellarem Staub aus unserer Galaxis stammte.

Ich halte inne: Ein Windstoß durchbricht die Stille im Lager. Ich blicke Patrick an, und er schaut erwartungsvoll mich an, damit ich weitererzähle. Ich lächle. Mehr als nur ein technisches Mittel zur Erkundung der Welt war für mich das Eis immer auch eine «Linse fürs Ich», die das eigene Innere zum Vorschein bringt: Wenn man in diesen eisigen Gefilden arbeitet, verschmilzt man am Ende seelisch mit diesem nur scheinbar starren und reglosen Material. Das Eis wird förmlich zum Brennglas, das unsere Gedanken, Ängste und Anfechtungen offenbart und Züge unserer Persönlichkeit hervortreten lässt. Bei mir ist es vor allem das Bedürfnis nach Rückzug. Das verspüren hier viele Forscher und werden zu zeitweiligen, manche auch zu regelmäßigen Deserteuren aus der Hektik, dem Chaos und dem Lärm unserer Gesellschaft, aber auch zu Liebhabern einer Intimität, die nur diese Orte schaffen. Dazu kommt die ständige Neugierde, die Entschlossenheit, in ein Terrain vorzudringen, auf das noch keiner einen Fuß gesetzt hat, und die Freude an der notwendigen logistischen, körperlichen und geistigen Vorbereitung. Hier, in der absoluten Stille, entsteht Raum für tiefgründige Gedanken. Sie kommen zum Vorschein wie mit Geheimtinte geschriebene Worte, die erst sichtbar werden, wenn man sie an eine Flamme hält.

Mit einem Scherz holt mich Patrick aus meinen Gedanken zurück. Ich werfe einen Blick auf das Wasser auf dem Kocher und fahre fort, die Teleskope «im Eis» zu katalogisieren. Am interessantesten finde ich das IceCube Neutrino Observatory (wörtlich: «Eiswürfelobservatorium für Neutrinos»), das ebenfalls in der Antarktis, nämlich in der Amundsen-Scott-Südpolstation liegt. Wer es besuchen will, schaut sich über dem Eis vergeblich nach ihm um. Wie viele andere Observatorien im äußersten Norden und Süden ist es tief im Innern eingeschlossen: Es soll Neutrinos aufspüren, flüchtige Teilchen, die keine Ladung und fast keine Masse besitzen. Deswegen wechselwirken sie auch so gut wie nie mit Materie. Im Gegensatz zu geladenen Teilchen, die mit den Magnetfeldern von Sternen und anderen Himmelskörpern in Wechselwirkung treten, sausen Neutrinos von ihrer Quelle aus auf gerader Bahn und unbeeinträchtigt durch alle Objekte hindurch, weshalb ihre Identifizierung schwierig, wenn nicht unmöglich ist. Obwohl diese Teilchen sehr häufig vorkommen (jede Sekunde durchdringen rund 15 Milliarden jeden Quadratzentimeter unserer Körperoberfläche), braucht es einen höchst ausgeklügelten Detektor, um sie dingfest zu machen.

Um sie zu erfassen und – nicht minder wichtig – ihre Quellen zu identifizieren, sind die Physiker auf gigantische Anlagen – in einer Größenordnung von Kilometern – angewiesen, die aus «optisch transparentem» Material bestehen – wie das uns umgebende Eis. Das IceCube-Observatorium besteht aus über 5000 Fotosensoren, die in 86 verschiedenen Löchern in einer Tiefe von gut zweieinhalb Kilometern sitzen. Neutrinos lassen sich eben nur mit sehr durchsichtigem Material wie Wasser oder Eis aufspüren. Kollidiert ein Neutrino mit einem Proton oder Neutron im Inneren eines Atoms, gehen aus der entstehenden Kernreaktion Sekundärteilchen hervor, die ein bläuliches Licht, die sogenannte Tscherenkow-Strahlung aussenden.

Die zahlreichen Sensoren im Eis reagieren hochempfindlich, wenn ein Neutrino ein irdisches Teilchen durchstreift und mit ihm wechselwirkt. Das Problem besteht darin, dass sie auch Ereignisse aus anderen Quellen in der umgebenden Atmosphäre registrieren und so die Ergebnisse verfälscht werden können. Auch aus diesem Grund liegen die Detektoren unter Eis: Seine Masse schirmt den Detektor gegen Störsignale ab.

Patrick lässt mich schließlich allein. Ich schließe die Augen und denke daran, dass auch in diesem Moment, in diesem Raum, in dem ich kaum mehr als diesen Topf voller Wasser vor mir habe, von Milliarden von Neutrinos durchdrungen werde. Sie sind in einer Entfernung von Millionen Lichtjahren entstanden und sind so alt wie die Galaxien, Sterne und Planeten.

Ich stelle mir vor, ich sei eines von ihnen: ein Neutrino, frei. Leicht, beinahe masselos, ohne Ladung. Ich schaue mich um. Nichts übertrifft das Gefühl, unter einem grenzenlos weiten Himmel zu sitzen und sich unendlich klein zu fühlen.

10. NORDWESTPASSAGE

Das Abendessen ist fertig. Endlich haben wir etwas Zeit, zu entspannen, unsere Gedanken zu ordnen, zu scherzen und über die Ereignisse des Tages nachzudenken. Leider hält die unbeschwerte Stimmung am Tisch nicht lange: Ein Piepen des Satellitentelefons unterbricht unser Geplauder mit einer schlechten Nachricht. Sie ist ebenso kurz wie beunruhigend: Die berüchtigte Nordwestpassage, die eine Umfahrung des nordamerikanischen Kontinents ermöglicht, hat sich geöffnet. Das Meereis, das einst die Durchfahrt versperrte, ist abgetaut – der Erderwärmung zum Opfer gefallen.

Die Geschichte der Entdeckung dieses in Romanen und Filmen gefeierten Seewegs, der den Atlantik über den kanadisch-arktischen Archipel mit dem Pazifik verbindet, beginnt 1583, als der französische König Franz I. den berühmten italienischen Seefahrer Giovanni da Verrazzano entsendet, um die Küsten Nordamerikas von Florida bis Neufundland zu erkunden – auf der Suche nach einer Durchfahrt nach Asien. Weitere Expeditionen folgen:

Jacques Cartier passiert Neufundland und erreichte den Sankt-Lorenz-Strom. John Davis befährt den Cumberland Sound, der ins Innere der Baffininsel führt. Henry Hudson segelt 1609 den Fluss hinauf, der heute seinen Namen trägt.

Aber erst zwei Jahrhunderte später bricht von Cadiz aus die berühmte Expedition Alessandro Malaspinas auf, eines Florentiners im Dienst der königlich spanischen Kriegsmarine. Auf der Suche nach der Nordwestpassage segeln seine beiden Schiffe *Descubrierta* und *Atrevida* buchstäblich von einem Ende der Welt ans andere: In nur 52 Tagen fahren sie an der nordafrikanischen Küste entlang durch den Atlantik, durchqueren ihn, umsegeln Kap Hoorn, fahren an der südamerikanischen Küste über Panama bis nach Alaska hinauf und kehren mit einem Schlenker über Asien unverrichteter Dinge wieder zurück. Gestartet ist die Expedition 1789, als in Frankreich die Revolution ausbrach, die die Geschicke der Menschheit und leider auch die Malaspinas verändern sollte. Kurz nach seiner Rückkehr nach Spanien fällt er einer Intrige zum Opfer, wird verhaftet und kommt erst sehr viel später wieder frei.

Das Zeitalter der großen Entdeckungsreisen ist fast schon vorüber, als Sir John Franklin das Kommando über die beiden Kriegsschiffe HMS *Erebus* und HMS *Terror* erhält, um nach unbekanntem Land und der legendären «Passage» durch die Arktis zu suchen. Der Kapitän hofft, bei einer Durchfahrt durch die Baffin Bay dem arktischen Eis zu entgehen, unterschätzt aber die Gefahren dieser

Passage: Nahe King William Island laufen die Schiffe auf Grund und bleiben im Eis stecken. Alle Teilnehmer der Expedition kommen um. Fast zweihundert Jahre später, im September 2014, orten Sonargeräte die beiden Wracks: erst die *Erebus,* dann die *Terror.*

Wir schauen uns alle an. Seit Tagen warten wir gespannt darauf, zu erfahren, wie der Kampf zwischen dem Eis und dem Klimawandel in diesem Jahr in einer Region ausgeht, die einst von einer dicken und unüberwindbaren Eisbarriere versperrt war und jetzt dem uferlosen, eiskalten Ozean immer mehr Raum gibt. Unmittelbare Folge davon ist, dass immer mehr Schiffe den Gefahren eines Meeres zu trotzen versuchen, das seit Jahrhunderten nicht befahren wurde, und sich den gewohnten Umweg über den Panamakanal sparen. Dieses Wunderwerk der Ingenieurskunst, so die Hoffnung der Reedereien, soll durch eine Durchfahrt durch die Arktis zumindest ergänzt werden.

Obwohl das Treibeis durchlässiger geworden ist, birgt diese Reise nach wie vor zahlreiche bekannte und auch unbekannte Risiken: Über den Meeresgrund entlang den befahrbaren Routen ist wenig bekannt, vor allem in den Zonen des kanadisch-arktischen Archipels, die erst in neuerer Zeit (und auch nur teilweise) durch das sich verändernde Meereis an der Oberfläche in den Blick gerückt sind. Meereis, also gefrorenes Salzwasser, stellt das Gros des Eises in der Arktis. In den Wintermonaten ist der Großteil der Meeresoberfläche von einer geschlossenen Decke aus gefrorenem Wasser überzogen, die aber in den

Sommermonaten aufreißt und abschmilzt. So entsteht ein Archipel aus Eisbergen, die aus dem Eisschelf herausbrechen, zu Packeis zusammengeschoben werden und hier und da vereinzelt im Meer treiben. Eisberge, auch kleine, stellen für Schiffe und ihre Besatzungen und Passagiere nach wie vor eine unkalkulierbare Gefahr dar. Wer diese Gewässer befährt, sollte sich stets das tragische Schicksal der legendären *Titanic* eine Mahnung sein lassen, selbst wenn heute hochmoderne Technik für mehr Sicherheit sorgt. Doch auch sie ermöglicht eine Navigation mit geschlossenen Augen nicht einmal im Traum. Die kleinen Eisberge bleiben selbst für die ansonsten alles ausspähenden Satellitenaugen unsichtbar.

Die Nachricht über Satellitentelefon sorgt für lebhafte Gespräche. Die Arktis enthält immer noch unabsehbare Gefahren, wenn man sich in ihre Gewässer hineinwagt. Selbst wir, die wir uns über Land bewegen, müssen auf Überraschungen gefasst sein. Tatsächlich besteht eine der größten Gefahren im Fehlen einer Rettungsinfrastruktur. Such- und Bergungsoperationen sind äußerst kostspielig, wenn nicht unmöglich. Alles kann zum Problem werden, von starken Zahnschmerzen bis zu einer Grippe, von einem Unwohlsein bis zu einem Sturz, einem Beinbruch oder einer Frostbeule am Fuß. Die Aussichten auf einen glücklichen Ausgang sind auch heute noch sehr gering.

Die Gefahrenlage ist komplex: Es gibt Risiken für das Schiff, die Menschen und ebenso die Umwelt. Schon ein kleines Leck in einem Treibstofftank kann die empfindlichen Gleichgewichte, die sich in diesen Zonen zwischen den verschiedenen Ökosystemen im Eis und im Meer eingespielt haben, auf unkalkulierbare Weise stören. Ein kleiner Getriebeschaden kann sich für die Umwelt in diesen Breiten zu einem unabsehbaren Desaster auswachsen und die Arktis am Ende für immer verändern. Dabei ist Öl nicht die einzige Gefahr. Schon der Lärm der Schiffe beeinträchtigt das Ökosystem des Arktischen Ozeans, zum Beispiel durch die Störung des Kommunikationssystems von Walen und anderen Meeressäugern, die diese Gewässer bevölkern und dieselben Routen wie die Kreuzfahrtschiffe nutzen. Ian und Christine erinnern daran, dass die Öffnung der Nordwestpassage selbst schon eine sichtbare Auswirkung des Klimawandels auf die Arktis darstellt und einen verheerenden Teufelskreis in Gang setzt: Der Weg durch die Arktis spart erheblich viel Zeit, kostet die dortige Umwelt aber einen unvorstellbar hohen Preis.

Den gewöhnlich eher schweigsamen und zurückhaltenden Patrick hat unsere Diskussion aus der Reserve gelockt. Er erzählt uns von einem kürzlich erschienenen Artikel, den er über den arktischen Tourismus gelesen hat. Die Kernaussage seines Berichts ist so klar wie erschreckend: Die Anzahl der Arktisbesucher wächst von Jahr zu Jahr.

Zahlen zur Arktis sind wenig bekannt, können uns aber eine Vorstellung davon geben, was ein touristischer Ansturm auf diese Region bedeutet. Rund 5 Millionen Quadratkilometer sind besiedelt, auf denen insgesamt 13 Millionen Menschen leben (so viele wie in Tokio), die neun ver-

schiedenen Nationen angehören (Kanada, Dänemark –
mit Grönland und den Färöer-Inseln –, Finnland, Island,
Norwegen, Schweden, Russland und den Vereinigten
Staaten). Zu den Ureinwohnern zählen rund 900 000 Personen unterschiedlicher Ethnien, darunter Inuit (die bekanntesten), Jakuten der sibirischen als der am stärksten
bevölkerten Arktis, Aleuten, Yupik und Tungusen.

In diese Welt strömen alljährlich Tausende von Besu-
chern, die in den günstigeren Jahreszeiten den Nervenkit-
zel des «Gletschertourismus» suchen. Noch liegen über das
Ausmaß dieses Trends keine präzisen Daten vor, schon
deshalb nicht, weil die Arktis kein «echter» Kontinent
ist mit Nationen, Städten, Wirtschaftsformen und einem
eigenen Klima. Sie ist kein Erdteil, und doch sogar mehr
als nur ein Erdteil. Gesichert ist immerhin: Der Großteil
der Touristen trifft auf Kreuzfahrtschiffen ein. Vergnü-
gungsreisen durch die Arktis sind keineswegs neu, sondern begannen schon Ende des 19. Jahrhunderts, als der
(deutschstämmige) amerikanische Industrielle William
Ziegler für touristische Zwecke Schiffe charterte, die Wal-
fänger zur Hauptinsel des Spitzbergen-Archipels begleiteten. Ziegler, der mit der Royal Baking Powder Company,
einem der weltweit wichtigsten Hersteller von Backpulver,
reich geworden war, begeisterte sich um die Jahrhundert-
wende so sehr für Polarexpeditionen, dass er sie mit zwei
Schiffen, der *America* und der *Belgica*, unterstützte. Mit-
reisen durften neben der wissenschaftlichen Besatzung
auch Vergnügungsreisende (mit einem teuren Ticket). Obwohl sich dieses Tourismusangebot als komplettes finan-

zielles Desaster erwies, zeigte es erstmals, dass Unternehmungen dieser Art möglich waren.

Heutzutage sind diese Routen deutlich besser befahrbar. Neben norwegischen und russischen Kreuzfahrtschiffen, die den Löwenanteil ausmachen, drängen seit einigen Jahren auch Kanadier auf diesen Markt, dem viele Beobachter eine große Zukunft prophezeien. Zu einem Preis von 30 000 bis 40 000 Euro können Interessierte inzwischen zu einem mehrwöchigen «Polarabenteuer» aufbrechen, durchorganisiert und mit allem Komfort. Die Gäste treffen mit einem Linienflug aus Oslo in Spitzbergen ein und werden von dort aus nach Barneo geflogen. Dicht am 89. Breitenkreis gelegen, wird dieses Forschungslager jeden Sommer wegen der Eisschmelze aufgelöst und im darauffolgenden Frühjahr wiedererrichtet. Ausgestattet mit einer Landepiste für Flugzeuge, allgemeinen Einrichtungen und bereitstehenden Hubschraubern, bietet es Touristen zwei Möglichkeiten: den Nordpol (in rund einer Woche) auf Skiern (mit Übernachtungen im Zelt) oder, will man es bequemer haben, per Hubschrauber zu erreichen, mit Rückflug am selben Tag, inklusive Abendessen im Zelt und einem Anruf per Satellitentelefon bei Angehörigen oder Freunden. Selbst wenn die Umweltauflagen einigermaßen eingehalten werden, können solche Reisen binnen kurzer Zeit ein gewaltiges Problem schaffen, insbesondere dann, wenn die Touristenzahlen steigen.

Sehr nachdenklich geworden, höre ich zu. Patrick rasselt weitere Informationen herunter. Der Sommer 2016 war ein Meilenstein für die arktische Schifffahrt: Im August des Jahres stach die *Crystal Serenity* – unter der Flagge der Bahamas mit der Gesellschaft Crystal Cruises als Eigentümerin – vom Hafen Seward in Alaska aus mit rund tausend Passagieren in See. Auf der Reise nach New York umfuhr sie die Küsten Kanadas und Grönlands und legte dabei in 32 Tagen rund 1500 Kilometer zurück. Ein Jahrhunderttraum war schließlich Wirklichkeit geworden.

Frühere Versuche dieser Art hatten viele Menschenleben gekostet. Die ersten Vorstöße, um den neuen Schiffsweg zu erschließen, gehen auf Giovanni Caboto (1445–1498) zurück, der wahrscheinlich in Gaeta zur Welt kam, aber die venezianische Bürgerschaft erlangte. Caboto hätte für die Serenissima zum Kolumbus des Nordmeers werden können, aber der Doge scheint an Erkundungsfahrten über den Ozean nicht interessiert gewesen zu sein. So verwirklichte Caboto (nach einem Intermezzo im Dienste des Königs von Spanien) seinen Traum für den englischen König Heinrich VII. Am Ende «entdeckte» er 1497 Kanada. Auf einer zweiten Reise (1498) soll er – auf der Suche nach einer Durchfahrt in nordwestlicher Richtung – irgendwo auf dem Gebiet der heutigen USA, wohl auf der Höhe New Yorks, gelandet sein. Da sich die Fakten schwer von Legenden trennen lassen, ist freilich nicht gesichert, ob er diesen Teil Amerikas wirklich entdeckt hat (schon deshalb nicht, weil er auch bei seiner Landung an der kanadischen Küste glaubte, er habe Asien erreicht). Der Erste, der die Nordwestpassage – gut vierhundert Jahre später – durchquerte, war der norwegische Entdeckungsreisende Roald Amundsen. Tatsächlich gelang es ihm in drei Jahren, von 1903 bis 1906, das Nordpolarmeer von der Baffin Bay bis zur Beringstraße erfolgreich zu durchfahren. Seither gab es rund 240 weitere Durchquerungen, von denen die allermeisten, 17 allein im Jahr 2015, nach 2007 erfolgten. Erstmals in diesem Jahr galt die Passage seit der Zeit, in der die Arktis mit modernem wissenschaftlichem Gerät überwacht wird, als im Sommer frei durchfahrbar.

Unsere Suppe wird inzwischen kalt, was sich schon am spärlicher werdenden Dampf zeigt. Im Leben zwischen den Eismassen eine gemeinsame heiße Mahlzeit zu genießen, ist einer der wohligsten Momente. Suppe ist eine arktische Gaumenfreude. Auch wenn in unserem Gepäck mit dem knapp bemessenen Gewicht nur unverzichtbare Zutaten Platz haben, hat sich diese Suppe gegenüber denen der ersten Expeditionen unvergleichlich verbessert. In den Jahren der Erfahrung «am eigenen Leib» (oder besser: im Mund) haben wir gelernt, ihren Wohlgeschmack und Nährwert zu steigern: etwas Würze, Olivenöl (das als Grundbestandteil trotz des Gewichts immer mitreist), Butter, Reis, Pfeffer, Käse, und die Sache ist «gegessen». Während wir die letzten Reste auslöffeln, erzählt Patrick weiter.

Auch wenn die *Crystal Serenity* die Nordwestpassage nicht als erstes Kreuzfahrtschiff durchfahren hat – das tat die *Linblad Explorer* schon 1984 –, hält sie mit 250 Metern Länge und 69 Tonnen Gewicht mit Abstand den Rekord als das größte Schiff, das diese außergewöhnliche Route durch die Arktis (erfolgreich) bewältigt hat. Das ist keine Kleinigkeit, denn in einem Labyrinth aus Kanälen, von denen nur 10 Prozent kartiert sind, mit Felsen dicht unter der Wasseroberfläche, unberechenbaren Strömungen, unbekannten Buchten, und Meereis, das der Schmelze getrotzt hat, ist die Größe des Schiffs von erheblicher, wenn nicht entscheidender Bedeutung. Auf ihrer Durchfahrt brauchte die *Crystal Serenity* die logistische Unterstützung eines Eisbrechers und zweier Hubschrauber, die die umliegenden Gewässer ständig nach Treibeis absuchten.

Und was kostet eine so aufwendige Kreuzfahrt? Patrick lächelt verschmitzt: Das billigste Ticket lag bei 20 000 Dollar. Für eine bequeme Luxussuite mussten die Passagiere bis zu 100 000 Dollar hinblättern. Und für jeden Ausflug kamen gut und gerne 5000 Dollar pro Person hinzu. Innerhalb von drei Wochen waren sämtliche Plätze ausverkauft, an Personen, die – wer hätte es gedacht – zum kleinen Kreis der Superreichen zählten. Das Phänomen erinnert traurigerweise an die einstigen Großwildjagden, auf denen die zahlungskräftige Elite des internationalen Tourismus Exemplare vom Aussterben bedrohter Arten erlegen durfte: Breit- und Spitzmaulnashörner, wild lebende Kamele, Asiatische Elefanten, Tiger, Finnwale, die streng geschützten Pandas, selbst Eisbären. Auch wenn in der Arktis das Geschäft anders läuft, kann es sich ebenso verheerend auswirken: In Afrika und Asien gibt es heute Regeln und besonders strenge Verbote, während die Gesetze für diese Zonen erst noch geschrieben werden müssen.

Mit dem zunehmenden Seeverkehr durchs polare Eis wächst auch die Zahl der registrierten Unglücke. Die Daten mehrerer Versicherungsgesellschaften stimmen besorgt: allein 2015 rund sechzig Unfälle innerhalb des Polarkreises, mit einer Steigerung von rund 30 Prozent gegenüber dem Vorjahr. Dazu fällt Alison ein Kreuzfahrtschiff ein, das (deutlich kleiner als die *Serenity*) mit rund 200 Passagieren an Bord rund 55 Seemeilen vor der Küste auf Grund lief. Erst nach zwei Tagen konnten sämtliche Touristen und die Besatzung von der kanadische Küstenwache auf Rettungsschiffen in Sicherheit gebracht werden. Das Wrack blieb zurück und soll im Eis verschwinden.

Wir diskutieren weiter die Frage, wie sich menschliche Eingriffe auf die polare Umwelt auswirken. Ian erwähnt alarmierende Beobachtungen in der Antarktis: Untersuchungen von Proben aus südpolarem Eis ergaben Spuren von Koffein, Paracetamol und Kokain, in ähnlich hohen Konzentrationen, wie sie in Europa in dicht besiedelten Gebieten gemessen werden. Sie stammen wahrscheinlich vom Zustrom der Touristen, die längst zu Tausenden alljährlich die Antarktis besuchen. Die Abwässer ihrer Schiffe sind mit diesen Substanzen so stark belastet, dass sie nach ihrer Entsorgung im Ozean sogar im Meereis Spuren hinterlassen, mit unabsehbaren Folgen für die Ökosysteme.

Ich erinnere unsere Runde daran, dass Tourismus nicht das einzige Problem ist. Dazu gehört auch die Arktische Seidenstraße, bei der China (das selbst nicht zu den Anrainerstaaten gehört) die Hauptrolle spielt: Dieses Projekt, das die Regierung in Peking 2018 in einem «Weißbuch» zur Arktis vorgestellt hat, soll die Verbindungszeit zwischen China und Nordeuropa von gegenwärtig 48 auf 20 Tage mehr als halbieren und die asiatische Supermacht als eine neue «polare Regionalmacht» in Stellung bringen. Neben dem beschleunigten Gütertransport haben die chinesischen Machthaber dabei hauptsächlich die Rohstoffe der Arktis im Visier, eine wahrhaftige Schatztruhe aus Land, Wasser und Eis, in der Hunderte Milliarden Tonnen Erdgas und Erdöl im Boden verborgen liegen. Sie machen rund 13 Prozent der weltweiten Erdölvorkommen und rund 30 Prozent des Erdgases aus, die bislang im Boden noch vermutet werden, insgesamt rund ein Viertel der noch unerschlossenen Reserven an fossilen Brennstoffen. Hinzu kommen Vorkommen an Gold, Silber, Eisen, Uran und Diamanten. Nach dem Seerechtsübereinkommen der Vereinten Nationen (SRÜ) kann jeder Anrainerstaat Ansprüche auf die Arktis anmelden und seine Souveränität bis zum Schelf, dem Randbereich seines Kontinents, ausweiten und so in der anerkannten Region Zugriff auf die Ressourcen im und unter dem Meer gewinnen. China ist schon jetzt an Erschließungsprojekten beteiligt. Wenn das Eis weiter verschwindet und Investitionen rentabel werden, könnte das Land den Schiffsverkehr auf ein Maß ausweiten, das alles in den Schatten stellt, was die Arktis in ihrer ganzen bisherigen Geschichte erlebt hat. Und nicht nur das. Diese Erschließung könnte rasch einen neuen Goldrausch auslösen, bei dem anstelle der wagemutigen

Schürfer und Glücksritter am Yukon Supermächte auf den Plan treten, die zum Angriff auf die Ressourcen des arktischen Eises blasen – mit katastrophalen und unumkehrbaren Folgen für die Ökosysteme.

Ian blickt mich aufmerksam von unten her an, das Kinn an den Hals gedrückt, wie um die Wärme bei sich zu behalten, die er trotz der dicken Kleidungsschichten zu verlieren droht. Auf seinem Gesicht – und den Gesichtern von allen – zeichnet sich zusehends Müdigkeit ab, jedoch eine zufriedene Müdigkeit, begleitet und unterstützt von dem Enthusiasmus, der uns hier seit unserer Ankunft beflügelt und tagtäglich bei der Stange hält. Während wir weiter diskutieren, entspannen sich unsere Gesichter und strahlen Ruhe aus. Christine ist mit der Vorbereitung der Hauptmahlzeit fast fertig: würzige Bohnen mit Fleisch. Nicht schlecht unter diesen Umständen. Nach einem Tag auf dem Eis akzeptiert unser Magen bereitwillig einfach alles, was ihn irgendwie füllt.

Die Öffnung der Nordwestpassage ist nicht nur wegen der Massen an Touristen ein Problem. Eine der wichtigsten wirtschaftlichen Aktivitäten Grönlands betrifft – neben der Fischerei natürlich – die Förderung von Bodenschätzen, darunter Uran und Metalle der Seltenen Erden. Bei diesen handelt es sich um 17 Elemente in der dritten Nebengruppe des Periodensystems, die (anders als Silber und Gold) in geringen Mengen zwar nicht wertvoll, aber in den Bereichen Militärforschung, erneuerbare Energien sowie Haushaltsgeräte und Unterhaltungselektronik sehr bedeutsam sind. Für die Herstellung von Smartphones,

Fiberglas, Festplatten, Hybridfahrzeugen, Mikrowellengeräten und Supercomputer sind sie unentbehrlich. Die ersten Metalle dieser Art entdeckte 1787 der Chemiker und Artillerieoffizier Carl Axel Arrhenius in einer Grube des Dorfs Ytterby, das auf einer der zahlreichen Inseln des Stockholmer Schärengartens liegt. Arrhenius stieß auf ein schwarzes Mineral, das er noch nie gesehen hatte. Weil er es für ein neu entdecktes Element hielt, nannte er es nach dem Fundort Ytterbit. Seither wurden weitere neue Elemente identifiziert, die ebenso exotische Bezeichnungen erhielten: Yittrium, Cer, Lutetium, Lanthan, Scandium. Als mein Blick zufällig auf das Satellitentelefon fällt, denke ich daran, dass vielleicht ein Stück Grönland in ihm steckt ... Na, dann hätten wir ihm sozusagen einen kurzen Heimaturlaub spendiert.

Durch den Rückzug des Eises in den letzten Jahren kam immer mehr nackter Felsboden zum Vorschein, der über Jahrtausende unter Gletschern verborgen gelegen hatte, und damit auch eine immer höhere Anzahl an Lagerstätten für Seltene Erden. Wie unter solchen Umständen so oft, profitieren davon nicht die lokalen Bevölkerungen, sondern multinationale Konzerne und das Mutterland Dänemark, weil sie die Möglichkeiten und Mittel besitzen, die Mineralien auszubeuten und zu exportieren. Eine echte Tragödie, vor allem wenn man sich die Armut dieser Gegend in Nordgrönland vor Augen hält: In diesem Land verschwindet die Sonne im Winter für lange Zeit, die Besiedlung konzentriert sich auf kleine Dörfer von wenigen hundert Seelen, in denen Alkoholismus und sexuell übertragbare Erkrankungen grassieren und der Weg bis in die nächste Klinik weit ist. Diese Ungerechtigkeit liegt für mich auf einer Linie mit der Zerstörung der Zivilisation der amerikanischen Ureinwohner durch die europäischen Eroberer in Südamerika oder die Siedler in Nordamerika und macht mich wütend: Jahrhundertealte Kulturen gehen langsam zugrunde, nicht nur physisch, sondern auch wirtschaftlich und durch neue soziale Ungleichheiten.

Während wir uns Bohnen auf die Teller laden und Geschirr und Gabeln klappern, stellt sich ein seltsames Schweigen ein. Gedanken gehen uns durch den Kopf: In die Hoffnung, unsere Arbeit könnte irgendwie auch der lokalen Bevölkerung helfen, mischt sich das Bewusstsein, dass Daten aus unseren Forschungen auch von ausländischen Konzernen genutzt werden, um herauszufinden, wie, wo und wann sie Bohrungen vornehmen können und welcher abtauende Gletscher als nächstes größere Flächen zum Mineralabbau freigibt. Wir sind keine humanitären Helfer, sondern erforschen die Auswirkungen des Klimawandels, aber das hilft auch nicht gegen das schlechte Gewissen.

Christin versucht, mich aufzubauen, erinnert mich an das Wasserkraftwerk, das Dänemark im Südwesten Grönlands, in Ilulissat, nicht allzu weit von unserem Standort entfernt errichten ließ. Es nutzt das Schmelzwasser der Gletscher. Ich nicke und denke daran, dass ich mit eigenen Augen die dänischen Hubschrauber gesehen habe, die Materialien auf die Baustelle flogen. Dabei musste ich an den Film *The Wall* von Pink Floyd denken, in dem Stahlpfeiler über verzauberte unberührte Naturlandschaften hinwegschweben. Etwas bitter ziehe ich die Lippen zusammen: Unter den Leuten, die ich dort kennengelernt habe, oder den Arbeitern auf der Baustelle war kein einziger ein Indigener.

Ian bringt ein neues Thema aufs Tapet, nicht weniger beunruhigend als die vorigen: Was geschähe, wenn Russland und die Vereinigten Staaten (die seit Jahren bekanntlich gegensätzliche wirtschaftspolitische Interessen verfolgen) sich wie in Zeiten des Kalten Krieges in Stille und hinter verschlossenen Türen Schlachten liefern würden, um den jeweiligen Gegner daran zu hindern, seine Aktivitäten entlang seiner arktischen Küsten auszuweiten? Die Frage ist keineswegs aus der Luft gegriffen oder abwegig. Putins Russland unterhält zur Arktis eine besondere Beziehung, weil die sibirischen Küstengewässer für zahlreiche militärische Aktivitäten – zum Beispiel Manöver von U-Booten – dienen, aber auch wegen der Erdölreserven, die im Boden des Arktischen Ozeans schlummern. Vor einiger Zeit startete der Kreml das «Projekt Iceberg», einen ehrgeizigen – und manchen zufolge unrealistischen – Plan, das nördliche Eismeer zu erkunden und Basen zur Erdölförderung zu errichten. Zur Erkundung des Meeresgrunds und der Verlegung von Verbindungskabeln soll ein gewaltiges Atom-U-Boot (die 182 Meter lange *Belgorod*) dienen, das auch noch eine Flotte aus kleineren U-Booten koordiniert.

Eine neue Waffe, die in diesem «eiskalten Krieg» zum Einsatz kommen könnte, ist das Geoengineering, also die

Fähigkeit, Wetterereignisse zu manipulieren oder auszulösen (oder sogar das Klima zu verändern). Substanzen sollen in die Atmosphäre eingebracht werden, um die Entstehung von Wolken zu begünstigen oder zu verringern, damit das Eis schneller oder langsamer abschmilzt. Im Prinzip könnte Geoengineering der Forschung und dem öffentlichen Interesse dienen, aber besorgt stimmt, dass keine speziellen Gesetze (wissenschaftliche oder andere) Aktivitäten über dem Meereis regulieren. Hier gelten die allgemeinen Regeln für internationale Gewässer (außerhalb der Ausschließlichen Wirtschaftszone, die sich von der Küste aus 200 Seemeilen ins Meer hineinerstreckt).

Das «Dinner» klingt aus, und unsere Gespräche verstummen. Schon ist es Zeit, sich schlafen zu legen. Die weißen Nächte auf dem Gletscher sind lang, auch wenn sie sich manchmal viel zu kurz anfühlen, wenn menschliche Wärme aufkommt.

11. FREIHEIT

Das Aufstehen aus den ziemlich unbequemen Campingstühlen bereitet größere Mühe als sonst: Wir haben viel gegessen. Patrick und ich sind inzwischen allein. Die anderen haben sich bereits für den wohlverdienten Schlaf zu ihren Zelten aufgemacht. Ian und Alison hören wir noch lachen, während sie sich draußen vor dem majestätischen Panorama die Zähne putzen. Für diese Breiten ist die Nacht eher mild, und im Zelt umgibt uns sogar eine wohlige Wärme: Es hat sich den ganzen Tag unter der Sonne innen stark aufgeheizt. Ohne die Schnüre, mit denen es am Boden verankert ist, würde es sich wohl wie ein Heißluftballon in die Lüfte erheben. Aber aufs Wetter sollte man nie zu sehr vertrauen. In Grönland können binnen einer Minute kühle in eisige Temperaturen umschlagen. Das haben wir auch auf dieser Expedition erlebt: Nachdem wir uns an einem milden Abend schlafen gelegt hatten, sind wir wenige Stunden später in einem frostigen Nebel erwacht, mit völlig durchnässten Kleidern und schmerzenden Knochen, wie nach Stichen mit Dolchen aus Eis.

Wir nehmen die letzten Gegenstände vom Tisch. Nichts darf liegen bleiben: Ein Windstoß könnte alles davonfegen. Alles muss eingeschachtelt, luft- und wasserdicht verpackt und ordentlich verstaut an seinen Platz zurückgeräumt werden. Ich schaue mich nochmals um. Ich bin müde, habe aber keine Lust zu schlafen. Noch zu viel Adrenalin im Blut. Ich nippe an dem Scotch, den ich mir für solche Momente mitgebracht habe. Während mich das bernsteinfarbene Elixier aufwärmt, denke ich daran, wie lange unser Kampf gegen den Klimawandel und die verheerenden Eingriffe des Menschen in die Natur noch dauern wird, dieser Kampf des *Homo sapiens* gegen sich selbst, der nur schwer, ganz schwer zu gewinnen ist. Wie er ausgeht, kann heute niemand sagen.

Die Vergangenheit liefert uns stets Hinweise darauf, was uns die Zukunft bringt. Und diese Hinweise müssen wir ernst nehmen. Sehr sogar. Man schaue sich nur die Daten zu den Meeresspiegeln an. In der Zeit, als die Temperaturen und die Konzentration von Kohlendioxid in der Atmosphäre zum letzten Mal ähnlich hoch waren wie heute, lagen sie weit über den gegenwärtigen. Manche gehen von wenigen, andere von 10 bis 15 Metern aus. In der Vergangenheit – in einer Zeit von vor Hunderttausenden von Jahren – vollzog sich der Klimawandel langsam, in einem «geologischen» Tempo und einer Art natürlichem Zyklus. Damals dauerte es Abertausende Jahre, bis der CO_2-Gehalt in der Atmosphäre auf die Werte anstieg, die in rund zweieinhalb Jahrhunderten durch menschliche Einwirkung (hauptsächlich seit der ersten industriellen Revolution bis heute) erreicht und übertroffen wurden. In der heißesten Zeit, seitdem der *Homo sapiens* die Erde bevölkert, im Riß/Würm-Interglazial oder der Eem-Warmzeit vor 130 000 bis 115 000 Jahren, herrschte auf der Welt ein völlig anderes Klima. Auf dem Gebiet des heutigen Englands lebten zum Beispiel Flusspferde, Affen, Elefanten und Löwen. (Dies zeigten Knochenreste, die in den Fünfzigerjahren nahe dem Trafalgar Square in London auftauchten.) Heute sind diese Tierarten nur noch in den Tropen beheimatet. Die Meeresspiegel lagen damals um 6 bis 9 Meter und die weltweiten Durchschnittstemperaturen um rund 2 Grad Celsius höher als derzeit. Würde sich die Erde binnen so kurzer Zeit wieder so stark erhitzen, hätte dies für Flora und Fauna extreme und fatale Folgen. Laut wissenschaftlichen Schätzungen sind die 2 Grad denn auch der Höchstwert, bis zu dem sich eine globale Klimakatastrophe gerade noch abwenden lässt. Bis heute hat sich die Atmosphäre gegenüber dem vorindustriellen Zeitalter im Durchschnitt bereits um 1 Grad Celsius erhöht, wobei die arktischen Temperaturen um den doppelten Wert des Mittels angestiegen sind. Nach neueren Schätzungen sollten die Meeresspiegel in den kommenden Jahrzehnten noch drastischer ansteigen – als Auswirkung des menschengemachten Ausstoßes von Treibhausgasen in die Atmosphäre.

Schwierig, wenn nicht unmöglich vorherzusagen, was genau mit unserem Planeten geschehen wird, aber viele Prognosen deuten darauf hin, dass sich die Lage weiter verschlimmert. Demnach sollen sich die Meeresspiegel mit exponentieller Geschwindigkeit selbst dann noch weiter erhöhen, wenn die Emission von Kohlendioxid durch die Verbrennung fossiler Energieträger bis auf null abgesenkt wird. In der Vergangenheit konnten sich die Ozeane wegen des langsamen Tempos beim Wandel an die steigenden CO_2-Konzentrationen «anpassen». Das ist ungefähr so, als würden wir jemanden bitten, seinen Platz zu wechseln, und ihn mit dem Arm sanft und ohne Gewalt dorthin schieben. Heutzutage geschieht das genaue Gegenteil. Wir bugsieren den Planeten gewissermaßen mit Boxhieben und heftigen Schulterstößen auf einen neuen Platz.

Patrick und ich kümmern uns um die letzten Aufgaben: die Zangen und Schraubenzieher wegräumen, die Akkus für die Funkgeräte aufladen, Dinge verstauen, die die anderen herumliegen ließen. In einer Nacht ohne Dunkelheit und Sterne wirkt die weiße Landschaft fast trostlos. Ich höre Wasser rauschen: Offenbar hat sich ein Bach eine Bahn durchs Eis gebrochen. Ob in der Nähe oder Ferne ist schwer zu sagen. «Well, the river runs deep and the water is cold as ice», sang J. J. Cale. Aber jetzt höre ich die experimentelle Musik der Arktis.

Das Wasser, das aus den abschmelzenden Gletschern ausfließt, erreicht irgendwann die Küste der Vereinigten Staaten, Südamerikas oder Chinas (und überschwemmt sie vielleicht), aber es verteilt sich nicht (wie manche meinen) so gleichmäßig wie in einer Badewanne über die Erde. Der Anstieg der Meeresspiegel verläuft je nach Lage und

Meer unterschiedlich. Tatsächlich ist rund die Hälfte dieses Anstiegs – durch thermische Ausdehnung – der Erwärmung des Wassers geschuldet: Wenn sich eine Flüssigkeit (wie Meerwasser) aufheizt, dehnt sie sich desto stärker aus, je wärmer sie wird. Und ein Meeresspiegel steigt dort stärker an, wo der Ozean sich stärker aufheizt (zum Beispiel am Äquator), und weniger dort, wo er kühler bleibt.

Noch ein weiterer Faktor wirkt auf die Wasserverteilung im Ozean ein: die Gravitation. Oder besser, die Schwankungen im Schwerefeld. Die grönländische Landmasse wirkt mit ihrer Schwerkraft auf das umliegende Meer ein und zieht es buchstäblich wie von Zauberhand zu sich heran. Je stärker das grönländische Eis jedoch abschmilzt, desto geringer wird die Massenanziehung: Das Wasser um die Insel «entfernt sich». Kurz gesagt, führt das Abschmelzen des Eisschilds zu einer Verlagerung von Wassermassen, sodass sich die Meeresspiegel ungleich stark erhöhen.

Dieses Wechselspiel zwischen den Naturkräften und ihre sich einspielenden Gleichgewichte haben mich an der Welt von jeher am meisten fasziniert. Leider haben sie in diesem Fall verheerende Folgen.

Patrick ist mit einem Buch vor sich auf seinem Stuhl eingenickt. Ich schüttle ihn und bedeute ihm stirnrunzelnd, dass er sich in sein Zelt aufmachen soll. Ich will nicht das Risiko eingehen, dass er in der Kälte zurückbleibt und im Schlaf womöglich von einem Unwetter überrascht wird. Ich muss es nicht zweimal sagen: Er erhebt sich und macht sich auf, um dem Schlaf des Gerechten zu frönen. Er wird noch einige Zeit brauchen, um sich hüpfend aus seiner Kleidung zu schälen – im gleichen Ritual wie am Morgen beim Anziehen, nur in umgekehrter Reihenfolge und mit der Schläfrigkeit nach einem langen Tag.

Ich selbst lasse mich wieder in den Campingstuhl sinken. Ich strecke die Beine aus, kreuze sie über den Knöcheln, lege die Hände auf die Magengegend und blicke zum Horizont. Für einen Augenblick empfinde ich eine Art Sehnsucht nach der Welt, die ich hinter mir gelassen habe, die reale Welt voller alltäglicher Dinge. Diese leichte, flüchtige Sehnsucht verschwindet sogleich wieder, als mir die Anmut dieser Welt um mich herum bewusst wird. Ich seufze. Manchmal fühle ich mich unter Menschen einsamer als hier, fernab von allem und allen, in dieser grenzenlosen eisigen Einsiedelei. *Terra mia* – «meine Erde». Allein diese Wörter rufen mir die klagenden Zeilen von Pino Danieles Song am Ende seiner ersten LP wieder ins Gedächtnis:

Stà durmenno senza tiempo
'Nu ricordo ca nun penzo cchiù
Ma che succede io sto' chagnenno
Penzanno a'o tiempo ca se ne va
E cammine'mmiezo'a via
*Parlanno'e libertà**

---

* «Sie schläft einen zeitlosen Schlaf / eine Erinnerung, an die ich nicht mehr denke / Aber was geschieht, beweine ich / denke an die zerrinnende Zeit / und laufe die Straße entlang / und rede von Freiheit.»

Ich blicke auf die glänzenden Eismassen vor mir und denke daran, wie sehr mir auch die Nacht fehlt, mit allem, was dazugehört: die Töne, die Atmosphäre und die Empfindungen. Ich fühle mich wie in einem Experiment zur Erforschung des Verhaltens von Menschen, die einem Übermaß an Licht ausgesetzt sind. Wer weiß: Vielleicht falle ich irgendwann der totalen Schlaflosigkeit anheim wie eine Figur in Christopher Nolans Film *Insomnia – Schlaflos,* der nicht zufällig in Alaska spielt.

Man glaubt kaum, wie viel Licht selbst noch in den Nächten unsere Städte erhellt, obwohl sie gefühlt im Dunkeln liegen. Und das ist kein Spaß. Schätzungen gehen davon aus, dass es sich global um 2 Prozent pro Jahr verschärft und dass rund 80 Prozent der Weltbevölkerung unter einem lichtverschmutzten Himmel leben. Ich habe kein Gefühl mehr dafür, wie spät es ist. Es könnte Mitternacht oder ebenso gut zwei Uhr früh sein. Ich blicke auf die inzwischen tief stehende Sonne, die so matt und blass geworden ist, dass ich sie mit ungeschützten Augen direkt anschauen kann.

Eine Eissäule, so groß wie eine Kirchenkerze, die ihr ganzes Leben höchstens einen Meter vor dem Zeltausgang in ihrer Position ausgeharrt hat, stürzt abrupt zu Boden. Die Szene erinnert mich an Fotos, die ich im *National Geographic* in einer Reportage zur Lichtverschmutzung gesehen habe. Sie zeigten am Nachthimmel über Las Vegas und Los Angeles den goldenen Lichtschein, der noch aus über hundert Kilometern Entfernung sichtbar war. Oder den Finanzdistrikt im kanadischen Toronto, in dem das Kunstlicht Tausende Vögel so sehr blendet und durcheinanderbringt, dass sie im Flug an Fensterscheiben zerschmettern. Oder an die frisch geschlüpften Meeresschildkröten, die das gespiegelte Kunstlicht im Wasser mit dem Mondschein verwechseln, der sie auf ihrem Weg zum Ozean leitet, und zu einem Fraß für Raubvögel werden oder ausgetrocknet oder erschöpft verenden. Und betroffen sind auch wir: Übermäßig einwirkendes Licht kann die Fotorezeptoren der Netzhaut schädigen und unseren Schlaf-Wach-Rhythmus stören, der über unsere Gesundheit und unser Wohlbefinden entscheidet.

Ich erinnere mich noch gut an die Nacht, an die richtige, die so dunkel ist, dass es fast in den Augen schmerzt. An die Nächte in den Bergen der Irpinia, in denen ich den Sternenhimmel betrachtet habe. Mich tröstet das Wissen, dass es diesen Ort immer geben wird, zumindest in meiner Erinnerung. Ich höre das metallische Geräusch eines Reißverschlusses: Patrick hat sich in seinem Schlafsack eingemummt und seufzt noch. Und schon ist er in den Schlaf gefallen. Ich träume noch mit offenen Augen.

EPILOG

Im Hafen von New York geht hinter der Freiheitsstatue die Sonne unter. Es ist ein frühlingshafter, wenn auch noch kühler Spätnachmittag.

Schon ein Jahr ist seit der Expedition nach Grönland vergangen, aber die Erinnerung an sie ist noch lebendig und eindringlich da. Sie vermischt sich mit der an andere Abenteuer, andere Expeditionen, geht auf in einem einzigartigen Strom aus Bildern und Empfindungen, einem arktischen Gebräu meiner Gehirnzellen. Paolo, ein Student aus Brescia auf Besuch an der Columbia University, sitzt neben mir auf der Fahrt über den West Side Highway, der am Hudson River entlang im äußeren Westen der berühmtesten Insel der Welt entlangführt: Manhattan. Paolo erinnert mich an mich selbst von vor einigen Jahren: fröhlich, zu Späßen aufgelegt, aber auch fleißig und aufmerksam, neugierig auf Entdeckungen und fasziniert von dieser Welt, die er genießt und die ihm wie Sirenen betörend ins Ohr säuselt: Bleib doch hier! Bleib! Ich bin ihnen sofort erlegen. Bei Paolo wird es sich mit der Zeit entscheiden.

Auch in diesem Jahr starten wir wieder nach Grönland. Ich bin so aufgeregt wie beim ersten Mal: neue Herausforderungen, neue Begegnungen, Überraschungen, Schwierigkeiten, aber auch die Begeisterung, Neues zu entdecken und nicht nur in die Welt hinaus, sondern auch ins eigene Ich hineinzublicken. Besser zu verstehen, wer wir sind. Wir müssen uns wie immer körperlich und logistisch vorbereiten, und vielleicht noch besser als sonst. Wir setzen unsere Arbeit an den Kryokonitlöchern fort und lassen Drohnen steigen, um Daten zu sammeln, damit wir sie später mit den Modellen und den Informationen von den Satelliten abgleichen können.

Ich schaue auf meinen geöffneten Koffer am Boden. Ich kann nichts machen: Vor jeder Abreise denke ich an meine Kindheit zurück, an meine Antwort, wenn mich Erwachsene fragten, was ich später werden wolle. «Wissenschaftler», sagte ich immer, ohne nachdenken zu müssen, ein Wort, das in meinem Kopf immer einen ganz besonderen Klang hatte. Ich denke an die Zeit zurück, als ich mit nur einem Koffer zum Promovieren in Florenz eintraf und bei meinem besten Freund Domenico unterkam. In dieser Zeit lernte ich erstmals das Gefühl der Einsamkeit und Orientierungslosigkeit kennen, das nur diejenigen erleben, die aus der Heimat fortziehen. Ich lasse Revue passieren, wie ich zum ersten Mal das Gebäude der NASA betrat, meine Aufregung und Beklommenheit und den immer wiederkehrenden Wunsch, einer dieser Trägerraketen für Satelliten zu sein, die in die unendlichen Fernen des Alls blicken und anschließend «nach Hause» zurückkehren. Ich sehe wieder die Gesichter der Leute vor mir, die mir etwas bedeutet haben und noch bedeuten, das Lächeln (ein jeweils ganz unterschiedliches und manchmal vielleicht auch nur eingebildetes), mit dem sie mich aufmunternd durch die Laufbahn begleiteten und mir halfen, die vielen Herausforderungen auf meinem Weg zu bestehen.

Ich blicke auf die friedlich auf dem Bett liegenden Kleider, die auf eine neue Reise warten, und lächle. Ich fühle tiefste Dankbarkeit: Ich konnte meinen Traum, Wissenschaftler zu werden, verwirklichen und habe auch noch das Glück, ihn mit anderen zu teilen. Das Eis lässt mich einfach nicht los. Nach so langer Zeit fasziniert es mich noch immer, und vielleicht mehr denn je.

Ich blicke aus dem Fenster, auf die Skyline voller Wolkenkratzer: Auch hier hat sich der Gletscher vor Jahrtausenden mit seiner mächtigen Präsenz Geltung verschafft und zwischen dem heutigen Central Park, Harlem und dem stillen Hudson River Canyons ins Gelände gefräst. Ich seufze, fühle mich richtig lebendig und im Glück. Vor mir liegt eine weitere Reise, die erneut in die blasse und eisig bläulich glänzende Landschaft führt, mit der scheinbar niemals untergehenden Sonne und der unglaublichen Schönheit, die die Natur in den engen Falten des Frosts zum Vorschein bringen kann. Wieder in Kontakt mit brillanten Wissenschaftlern, erneut in einer unmittelbaren Auseinandersetzung mit einer Umwelt, die am äußersten Ende des Planeten zu einem Schlachtfeld der Natur mit der menschlichen Entwicklung geworden ist. Um wieder Geheimnisse einer Natur zu lüften, aus der wir selbst hervorgegangen sind.

Wieder in Gegenwart seiner Majestät, dem Eis.